# 记忆高手

## 脑科学中的高效记忆训练法

杨泽金 赵美君◎著

U0426604

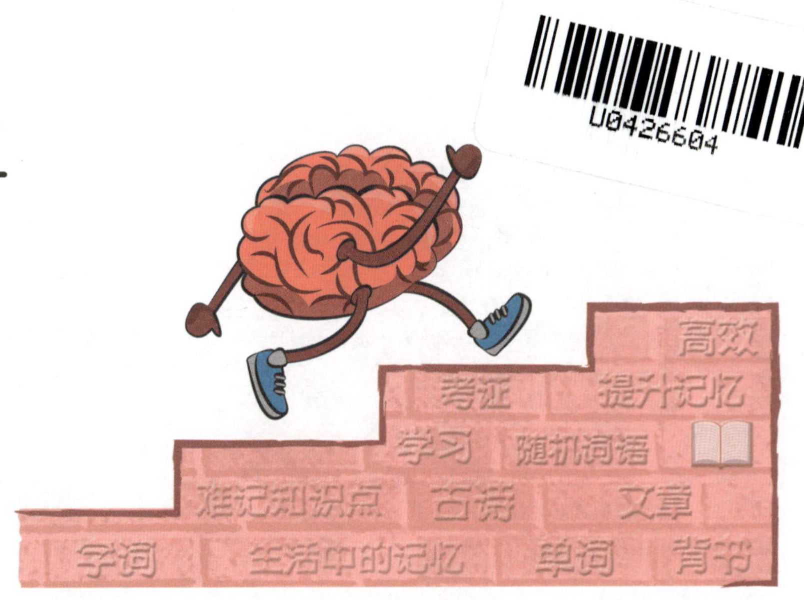

## 内 容 提 要

学习、工作和生活中需要记忆的信息多而繁杂，在知识爆炸的时代，拥有一个好的记忆力显得尤为重要。但传统的死记硬背方式——记了忘、忘了又记，反反复复，枯燥无味，让大家像是掉进了记忆的黑洞。本书将带领大家走进一个神奇的记忆王国，帮助大家快速掌握非常实用的记忆法，培养大家对记忆的兴趣并增强记忆的能力，系统而全面地激发大脑潜能。

全书共分为 4 篇：方法篇，虽涉及一些记忆理论，但通过深入浅出的讲解，大家能轻松掌握其核心原理及学会非常实用的 15 种记忆方法；应用篇，主要讲解中小学生、大学生学习方面的记忆方法以及成人备考各种证书的记忆方法，将理论与实战完美融合；挑战篇，可以让你“秀”出自己的超强记忆；答疑篇，主要讲解在训练记忆法时遇到的一些常见疑惑并进行相应的解答。书中每篇都有大量的实战案例和通俗易懂的讲解，同时配有生动形象的插图，让大家一看就懂，一学就会，一用就灵。

秉承发现记忆乐趣、轻松高效学习的初衷，打造了这本超级记忆书。本书内容覆盖了学习、工作和生活中常见信息的记忆，非常适合中小学生、大学生以及成人阅读。

**图书在版编目(CIP)数据**

记忆高手：脑科学中的高效记忆训练法 / 杨泽金，赵美君著. —北京：北京大学出版社，2022.10

ISBN 978-7-301-33335-8

Ⅰ. ①记… Ⅱ. ①杨… ②赵… Ⅲ. ①记忆术 Ⅳ. ①B842.3

中国版本图书馆CIP数据核字(2022)第166953号

**书　　名** 记忆高手：脑科学中的高效记忆训练法
JIYI GAOSHOU: NAO KEXUE ZHONG DE GAOXIAO JIYI XUNLIAN FA

**著作责任者** 杨泽金　赵美君　著

**责 任 编 辑** 刘　云　孙金鑫

**标 准 书 号** ISBN 978-7-301-33335-8

**出 版 发 行** 北京大学出版社

**地　　址** 北京市海淀区成府路205 号　100871

**网　　址** http://www.pup.cn　　新浪微博：@ 北京大学出版社

**电 子 信 箱** 编辑部 pup7@pup.cn　总编室 zpup@pup.cn

**电　　话** 邮购部 010-62752015　发行部 010-62750672　编辑部 010-62570390

**印 刷 者** 三河市博文印刷有限公司

**经 销 者** 新华书店

889毫米×1194毫米　24开本　13印张　300千字

2022年10月第1版　2023年9月第2次印刷

**印　　数** 4001-6000 册

**定　　价** 79.00 元

未经许可，不得以任何方式复制或抄袭本书之部分或全部内容。

**版权所有，侵权必究**

举报电话：010-62752024　电子信箱：fd@pup.pku.edu.cn

图书如有印装质量问题，请与出版部联系，电话：010-62756370

# 前言
# Preface

高中时，我因为看到一个关于记忆法的广告，使我的学习和生活发生了天翻地覆的变化。从那时起，就点燃了我对记忆法的好奇心，也让我明白了一个道理：万事都要讲究一定的技巧和方法，包括学习。

因为好奇、兴趣与热爱，我大学毕业后做了全脑教育这份事业。有句话叫作“授人以鱼，不如授人以渔”，我们不仅教学员快速记住知识，而且希望学员能掌握一种通用的学习方法和记忆方法，达到“一劳永逸”的效果。

我本人是超级记忆法的受益者，如果能把这些高效的学习方法分享给更多的人，我想这会更有意义。当你翻开本书后，哪怕只有一种方法能帮助你，这也是值得的。

在编写本书的过程中，“记忆圈”内的很多好友问我：“你的书有什么不同？或者有什么特色呢？”这里解说一下本书的主要特色。

01 本书讲解了记忆法的核心原理和万能公式，只要抓住了核心，其实记忆法很简单。也许大家曾接触过一些记忆法，但当你掌握了万能公式后，则很容易分辨出所用记忆方法的优劣。

02 本书主要针对实用记忆，配有丰富的实用案例，包括学习、考证、生活中的一些案例，且配有生动形象的插图。大家可以在看案例的过程中学会记忆法。

03 为了让大家更容易理解书中的难点，本书通过类比、比喻、总结一个公式、多方位举例等方式来解释说明该难点，使本书更通俗易懂。

04 老子说："道生一，一生二，二生三，三生万物。"记忆法亦是如此，由一个万能公式到三大核心步骤，再到 15 种记忆法。每种方法都不是蜻蜓点水式地一带而过，而是进行了详细的讲解，比如哪种方法容易用错，哪种信息适用于哪种记忆法等，让大家知其然，知其所以然。

05 有学，还有练习。在学中练，在练中学，让大家更快地掌握记忆法。还有挑战项目，比如挑战背下一整本书，以及一些炫酷的记忆展示，可以"秀"出超强记忆力。

06 很多实战案例都是把记忆法和理解进行了巧妙的融合，让记忆和理解并行。

记忆法的训练需要有具体的内容载体，也就是要记忆具体的内容才能锻炼记忆力。所以，无论是学生还是成人，书中的各类案例都适合阅读。记住案例中的知识并不是最重要的，重要的是从案例中掌握记忆方法，从而做到灵活迁移和运用，使之更好地服务于学习、工作、生活。

愿所有读者都能在本书中收获满满，掌握终身受益的记忆法，让大脑提速，开启大脑的另一片天地。让我们立即开始吧！

**温馨提示:** 本书附赠 10 节名师视频课，读者可用微信扫描右侧二维码，关注微信公众号，并输入 77 页下方的资源提取码获取下载地址及密码。

资源下载

# 目 录
Contents

01 揭开超级记忆法的神秘面纱 \\ 2

第一节 超级记忆法的核心原理 \\ 3

第二节 超级记忆初体验 \\ 11

第三节 什么是超级记忆法 \\ 20

第四节 为什么一定要学习记忆法 \\ 24

第五节 训练后可以达到的效果 \\ 27

02 超级记忆法的万能公式 \\ 30

第一节 化繁为简（简） \\ 31

第二节 联想（联） \\ 38

第三节 以熟记新（熟） \\ 43

03 超级记忆方法大全 \\ 50

第一节 配对联想法 \\ 51

第二节 故事串联法 \\ 57

第三节 记忆宫殿法 \\ 64

第四节 数字密码法 \\ 77

第五节 口诀记忆法 \\ 91

第六节 谐音记忆法 \\ 100

第七节 熟语定位法 \\ 105

第八节 物体定位法 \\ 110

第九节 配图定位法 \\ 119

第十节 场景定位法 \\ 122

第十一节 绘图记忆法 \\ 130

第十二节 万事万物定位法 \\ 136

第十三节 举例联想法 \\ 139

第十四节 思维导图记忆法 \\ 144

第十五节 情景记忆法 \\ 147

04 巧记语文知识 \\ 151

第一节 字词的记忆 \\ 152

第二节 文学常识的记忆 \\ 159

第三节 诗词的记忆 \\ 164

第四节 文言文的记忆 \\ 174

第五节 现代文的记忆 \\ 179

05 英语单词全记牢 \\ 184

第一节 万能公式记单词 \\ 185

第二节 记牢单词的秘诀 \\ 187

第三节 字母组合编码 \\ 190

第四节 实战记单词 \\ 194

06 速记文理科知识 \\ 212

第一节 “道法”与政治 \\ 213

第二节 历史 \\ 217

第三节 地理 \\ 225

第四节 数学与物理 \\ 232

第五节 化学 \\ 237

第六节 生物 \\ 242

07 各类证书考试的记忆 \\ 247

第一节 教师资格考试题 \\ 248

第二节 建造师考试题 \\ 250

第三节 驾照考试题 \\ 252

第四节 公务员考试题 \\ 255

08　如何记住一本书　\\ 259

第一节　关于背书，你不知道的事　\\ 260

第二节　《弟子规》与“三百千”　\\ 263

第三节　《唐诗三百首》　\\ 269

第四节　《道德经》　\\ 270

第五节　《新华字典》　\\ 272

09　酷炫的超级记忆展示　\\ 275

第一节　随机词语　\\ 276

第二节　随机数字　\\ 278

第三节　人名头像　\\ 283

第四节　扑克牌　\\ 286

10　关于记忆法的二十五问　\\ 289

附录　\\ 298

后记　\\ 303

# 方法篇

# 01 揭开超级记忆法的神秘面纱

你的大脑就像一个沉睡的巨人。

——东尼·博赞

# 第一节　超级记忆法的核心原理

大家可能会感到很突然，怎么一开始就出现几个词？

没错，我们开门见山，直奔主题。

其中，简单化、图像联想、熟悉、莱斯托夫效应这四个词就是超级记忆法的核心原理。

这里用到了首因效应（即第一印象让人记忆更深刻）和莱斯托夫效应（即特殊的事物才容易被牢记），因为这两个效应有助于我们记忆，这就是把核心原理放在最前面的原因。

这四个词是记忆心理学中一些理论结合实战应用后的高度概括，是开启记忆殿堂的核心心法。掌握这几个心法，也就意味着能用好由它演变出的几十种记忆方法，并拥有鉴别很多记忆方法运用得是否恰当的能力。

有人说四个词概括还不够精简，到底什么是记忆法，能不能用一句话来概括呢？

**从广义上来说，比死记硬背记得更快、更牢固的方法都可以叫作记忆法。**

## 一、简单化

简单与复杂的信息哪个更好记呢？答案显而易见，当然是简单的信息更好记。所以运用超级记忆法的第一步就是把所记的信息进行简化。

例如，简化虚拟的电话号码 16194931261（前面的 1 可以不用记）。

**一般人简化：**161+9493+1261。

**图像编码简化：**一个儿童（61）+ 首饰（94）+ 旧伞（93）+ 婴儿（12）+ 儿童（61）。

**观察分析简化：**首尾 16 和 61 对称，中间转化为 1949 年 3 月 12 日（植树节）。

对于号码机主来说，如果已经背得滚瓜烂熟，就无须简化了。

超级记忆法的第一步简单化指的是：

**把所记信息进行理解分析、分割、归类、找规律、找联系、类比、转化、编码、重新排序等操作后，使之更简单。其中转化为图像是让信息变得容易记忆和简单的一种重要方式。**

语文老师经常讲的提取关键词、总结中心思想，这都是简化信息的方式。阅读理解中经常会考：作者形象生动地描写了什么，文章是如何写得活灵活现的，这些都是图像化的一种体现，更有利于理解和记忆。

学会了记忆法，你会发现它和语文有着密不可分的联系，与数学的观察、分析、逻辑等也有关系，但它相对于语文、数学，学会并掌握会比较容易。

在学习超级记忆法的过程中，可以不断锻炼我们抓取事物关键特征、提取关键信息以及化繁为简的能力。让一切事物通过大脑的思考与运作后，变得简单、有秩序、有规律、好记。

## 二、图像联想

著名主持人撒贝宁曾经在一档采访节目中提到：他在读书时，背诵各种知识就会按照图像的方式去记忆，效率比其他同学高。记忆高手训练记忆或参加记忆比赛也会用到图像和联想的技巧，这样记得又快又准。

图像和联想都是记忆法中必不可少的要素。有一句流行的话：“无图无真相，一图胜千言，字不如表，表不如图。”对于形象的事物，我们更容易直观地感受和理解，也能有更多的联想和想象空间，而抽象的信息较难引发更多联想。

所以记忆法的第二步是：

**尽可能把所记信息转化为图像，再通过想象和联想把每幅图像联系到一起。**

把信息转化为图像后，一般需要结合联想，而联想时，大脑中基本上会伴随着图像的出现，所以这里把它们合在了一起，简称“图像联想”。

比如前面提到的虚拟电话号码：16194931261。

**第一步简化：**一个儿童（61）+首饰（94）+旧伞（93）+婴儿（12）+儿童（61）。

**第二步图像联想：**左右两边各站一个儿童，左边的儿童把自己的首饰和旧伞给了坐在中间哭闹的婴儿玩耍。

你的脑海中是否能够想到这些画面呢？有画面和联想就能记得更牢固，同时，在联想的过程中大脑会伴随着思考，让我们的注意力也更加集中。

再如曹操的《短歌行》最后四句：

月明星稀，乌鹊南飞。

绕树三匝，何枝可依？

山不厌高，海不厌深。

周公吐哺，天下归心。

如果以前没有背过这几句，读一两遍能否背下来呢？

现在虽然还没有讲具体的记忆方法，不过大家可以根据下面的图像，按照自己的方式尝试记忆，同时也考考你的观察力，思考一下文字和图像是如何转化的。

## 三、熟悉

这里的“熟悉”指的是“以熟记新”，即尽可能用已知的、熟悉的事物来记忆未知的、陌生的事物。我们常说“打个比方”“举个例子”“比喻一下”，都是这个道理。打比方的时候，一定会考虑所打的比方别人能否听懂，而且会尽可能用简单的、有画面感的、通俗的话来让别人听明白，这样别人除了能听得更明白，也能记得更牢。

我们平时在不知不觉中都会用到记忆法，只是没有形成体系，没有意识到自己在用。比如遇到一位新朋友，他说自己叫诸葛良，你会不由自主地想到诸葛亮，这就是利用熟知的诸葛亮来记忆诸葛良这位朋友。

陌生信息与熟悉信息建立起联系的方式有很多种，除了比喻，还有类比、找共同点与相似点、谐音、联想等。**其中，联想是让任意两个或多个信息建立起联系的万能方法。**有了联系，当回忆熟悉信息时，就能顺藤摸瓜地回忆出新信息。一起来看下面的例子。

| 新信息 | 熟悉信息 | 通过联想建立联系 |
| --- | --- | --- |
| 诸葛良 | 诸葛亮 | 无须刻意联想 |
| 朱亮 | 诸葛亮 | 需要一点联想，“朱”与“诸”同音 |
| gloom（忧郁） | 数字 9100、米（m） | 联想：被罚跑了 9100m 当然会很忧郁 |
| 虢（guó） | 爪、寸、虎、国 | 充分发挥联想：爪子有一寸那么长的老虎当上了森林中的国王 |

有没有找到一点诀窍呢？**“以熟记新”可以是第三个步骤，有时它也是指引联想的一个方向，联想时，尽可能向熟悉的事物靠拢。**在运用娴熟后，记忆法的三大步骤就一气呵成了。

熟悉的事物成千上万，但在记忆法中，最经典的还属“记忆宫殿”。我们去过的地方，大多数都可以作为自己的“记忆宫殿”，可以把要记的大量信息都放在记忆宫殿里，随时提取。大脑里的记忆宫殿就是“以熟记新”中的“熟悉”部分，所记新信息就是“新”的那部分。

以记忆宫殿为基础，可以延伸出定位（定桩）记忆法，只要是熟悉的事物，都可以承载新信息。所以“熟悉”是记忆法的第三个核心原理。

## 四、莱斯托夫效应

**莱斯托夫效应：特殊的事物才容易被牢记。**

该效应的提出者是心理学家冯 · 莱斯托夫，这个效应指的是相对于普通事物，人们记住特殊事物的可能性更大。在一组类似或具有同质性的学习项目中，独特事物会更容易被注意到，这一组事物可以是一组单词、一系列事件、人名或面孔。

比如成语“鹤立鸡群”，鹤与鸡相比，鹤就与众不同，容易被记住。假如一只鸡站在了一群鹤的中间呢？那就是这只鸡更容易被记住。如果是鸡、鹤、牛、马、蛇、猫等动物都关在了一起，谁更突出？答案是都不突出。

所以在一组信息中，一定要有“绿叶”，才能衬托出“鲜花”的美。鹤立鸡群中的鸡就相当于绿叶，鹤就相当于鲜花。

下面列举一些符合莱斯托夫效应的事件和问题，你能从中得到什么启发呢？

1. 老师印象最深的，一般是班上前几名和后几名的学生，或者有特别才艺、与众不同的学生。

2. 工作中，领导对有核心竞争力的员工印象会比较深。

3. 世界第一高峰珠穆朗玛峰比世界第二高峰乔戈里峰更让人熟知。

4. 我们对课本第一章的内容的印象会比较深刻。

5. 想出自己衣柜里最喜欢的衣服，最喜欢的那一件衣服和其他衣服比起来有什么不同？

6. 为什么周星驰电影里的配角也会让我们印象深刻？

7. 有特色的景点会比没有什么特色的景点更吸引游客。

8. 过往的经历中，让你印象深刻的事件有什么特别之处？

你还能列举工作、学习、生活中满足莱斯托夫效应的事情吗？请用关键词写一写。

______

______

______

## 减少相互干扰，增强区分度

鹤立鸡群中的“鹤”我们很容易记住，但剩下的一群“鸡”怎么记呢？每只鸡都那么相似。在现实生活中，我们要记的信息往往都没有太多特点，不能产生莱斯托夫效应，因此就需要用到图像和联想的技巧。

比如要记一个单元的 30 个单词，它们属于同种信息，比较相似，记忆时它们之间就容易相互干扰，影响我们的记忆效果。但用记忆法把每个单词都结合图像联想，这样就有 30

个画面，30 种不同的内心感觉，自然就不会记混，而且会记得更牢固。

在遗忘的原因中，有一种学说叫作干扰说。干扰说认为，遗忘是由于在学习和回忆之间受到其他刺激的干扰所致的。干扰说可用前摄抑制和倒摄抑制来说明，前摄抑制是先学习的材料对后面学习的材料有干扰作用，倒摄抑制是后学习的材料对先学习的材料产生干扰作用。

举个例子，有一段时间我出差讲课比较频繁，今天在这个城市，明天就去了另一个城市，基本上都是去各个城市的飞机场、火车站、酒店和教室这四个地方。在那段时间里，我早上起床一睁眼，总是不知道自己在哪个城市，往往需要在大脑中想几秒钟，才能回过神来。因为每个城市的飞机场、火车站、酒店比较相似，对我的记忆造成了干扰。

**所以，信息之间相互干扰是导致我们记不住的一个主要原因。**

根据莱斯托夫效应和干扰说的原理，我们就能明白，为什么超级记忆法的运用需要转化图像、联想、编故事，因为每个图像、故事之间的区分度比较大，干扰比较小，同时，还能把枯燥的信息变得更有趣。

莱斯托夫效应是记忆法的核心原理，但不用把它当成一个步骤，它只是一个约束条件，让我们在联想过程中尽可能给需要记忆的信息制造独特点，增强每个信息的区分度，也就增强了记忆效果。

**简单化 + 图像联想 + 熟悉 + 莱斯托夫效应，**是超级记忆法的核心原理，也是一个超级干的“干货”，而“熟悉”与“莱斯托夫效应”很多时候起到的是指引联想方向和约束的作用。所以，超级记忆法的核心步骤就是：

**把所记信息化繁为简后，尽可能向熟悉或与众不同的方向进行图像联想。**

由核心原理可以衍生出几十种记忆方法，有些方法可以归类到一起，形成十几种方法，这十几种方法基本上能覆盖所有信息的快速记忆，包括九大学科、各种考试题，甚至一整本书籍的背诵。从“02 超级记忆法的万能公式”开始将详细介绍到底该如何运用这些方法。

本节有少部分内容可能需要一些记忆法基础才能理解，如果有些部分没有看懂，也不用担心，可以把整本书看完后，回过头来再看一遍本节，相信你会有豁然开朗的感觉。

## 让我来试试

尝试记一记南宋四大诗人，他们分别是尤袤（mào）、杨万里、范成大、陆游。诗人名字已经经过了“熟悉”的转化，并结合了图像联想隐藏在下图中，下图的意思是一位诗人请别人吃饭。你能找出每位诗人的名字隐藏在哪里吗？

参考答案

走了一万里来吃饭的诗人（杨万里）；游泳到陆地上来吃饭的诗人（陆游）；戴着有“油”字帽子的诗人（尤袤），给自己盛了一大碗饭（范成大）。

# 第二节　超级记忆初体验

我们在学习新技能时都有一种想法，那就是迫不及待地想让老师把核心秘诀、方法步骤赶快教给自己，想立即成为“绝世高手”。但往往得到的答案是，你需要把基础打牢，一步一步来，记忆法的训练也是如此。不过我们在开篇就把核心原理分享给了大家，有了原理作为支撑，后面在训练时就不会“走偏”，进步速度也会更快。

无论我们以前记忆力如何，都可以抛之脑后，因为记忆法是另一种记忆思路，相当于为你的大脑重新安装一个高效的操作系统。在《记忆心理学》和《认知心理学》中也有很多记忆理论作为记忆法的支撑，但很多人想的是：理论太枯燥了，直接告诉我怎么记吧！那我们就先来体验一下吧！

## 一、巧记莫言的作品

我曾经看到一份语文考试题，其中考的内容有：2012 年诺贝尔文学奖的得主是谁，并写出他的几部作品。在课堂上我就选取了这道题来考学生们，很多学生都知道诺贝尔文学奖的得主是莫言，但要说出他的几部作品，很多学生就答不出来了。我用记忆方法教了大家一遍，学生们都记下来了，并且可以做到顺背、倒背，甚至是任意抽背。

下面列出了莫言的长篇、中篇、短篇共 20 部作品。

《金发婴儿》《爆炸》《红耳朵》《民间音乐》
《红高粱家族》《红树林》《白棉花》《酒国》
《透明的红萝卜》《食草家族》《生死疲劳》《师傅越来越幽默》
《牛》《蛙》《四十一炮》《欢乐》
《丰乳肥臀》《藏宝图》《战友重逢》《十三步》

乍一看，20 部作品太多了，似乎在短时间内全部记下来有点难，接下来我们就用身体定

位法把这些作品全部牢牢记住。

什么是身体定位法呢？我们需要在身体上找 10 个部位，每个部位与两部作品进行联想，回忆时，只需要想到某个部位就能提取出对应的作品，相当于顺藤摸瓜，有一个回忆线索。

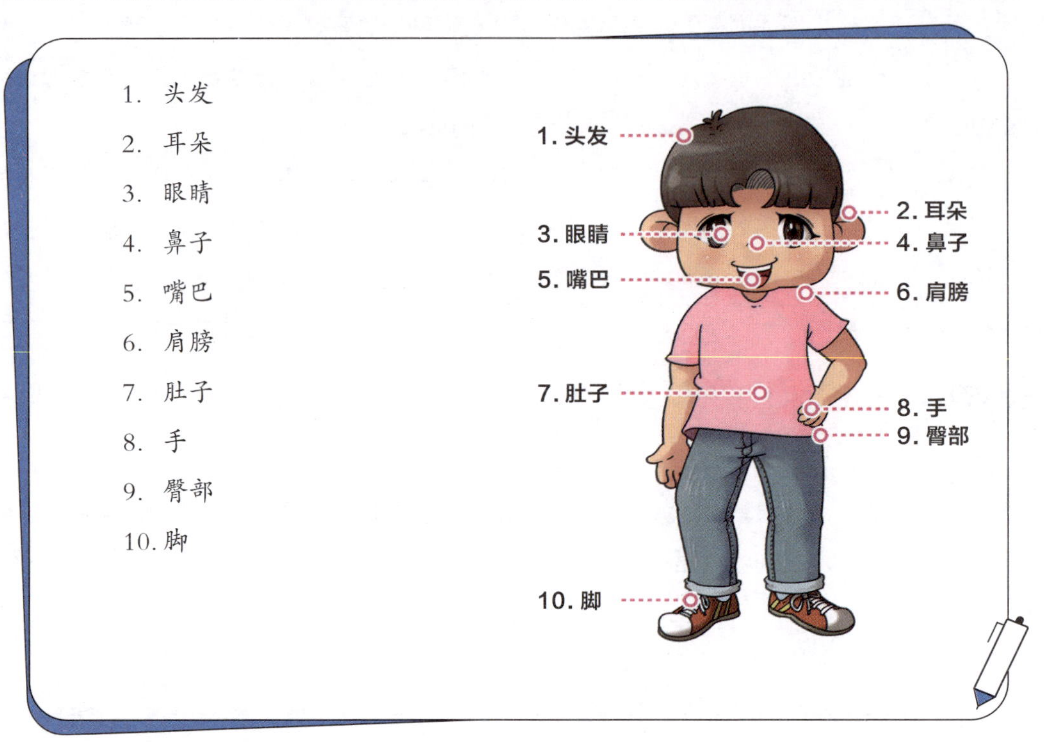


大家可以闭上眼睛倒背一遍这 10 个部位，是不是也很容易呢？因为每个部位是大家非常熟悉的，是以熟记新中的熟悉部分。接着把不容易记忆的作品进行简化或者转化，好记的就不用简化了。大家一起来参与联想记忆吧。

## 记忆方法

### （1）头发——《金发婴儿》《爆炸》

联想：大脑中可以联想到婴儿刚出生的时候，头发居然不是黑色的，而是金色的头发，简称金发婴儿，而且头发比较凌乱，像爆炸头一样，所以大脑中的画面就是一个爆炸头的金发婴儿。再还原出作品《金发婴儿》与《爆炸》。

### （2）耳朵——《红耳朵》《民间音乐》

联想：戴着耳机听音乐，听久了会感觉耳朵发热变红，如果你有过这种经历，印象会更深刻。

### （3）眼睛——《红高粱家族》《红树林》

联想：眼睛看到了一片红树林，茂盛的树林下面还有很多红高粱。一片红色场景，非常壮观。

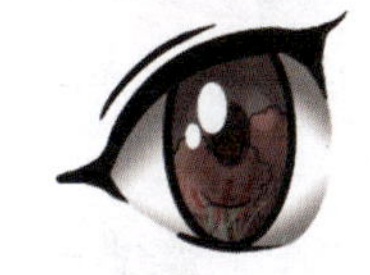

### （4）鼻子——《白棉花》《酒国》

联想：想象鼻子受伤了，需要用白棉花做的棉签蘸酒精给鼻子消毒，酒精来自产酒的国家。

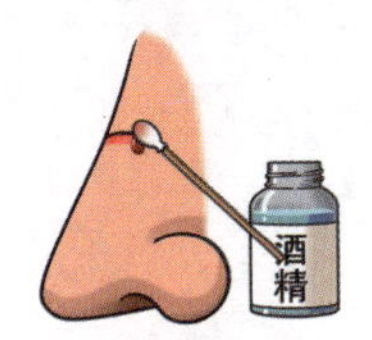


### （5）嘴巴——《透明的红萝卜》《食草家族》

联想：在童话世界里，你可以想象自己是一只小兔子，整个家族都以食草为主，但嘴巴里偶尔嚼嚼红萝卜，将红萝卜想象为透明的。

（6）肩膀——《生死疲劳》《师傅越来越幽默》

联想：沙僧肩膀上一直挑着担子肯定非常疲劳，但师傅总是安慰他，时常给他讲一些笑话，师傅越来越幽默，沙僧慢慢就感觉不到累了。

（7）肚子——《牛》《蛙》

联想：把美味的牛蛙吃进了肚子。牛蛙分开则代表两部作品。

（8）手——《四十一炮》《欢乐》

联想：想象抗战时期，战士用手开了四十一炮，击退了敌人，大家心里都感到欢乐。

（9）臀部——《丰乳肥臀》《藏宝图》

联想：《丰乳肥臀》提取关键词肥臀。可以想象拿着藏宝图，怕小伙伴抢走了，藏到了臀部后面，臀部比较肥，藏了半天还是被发现了。

（10）脚——《战友重逢》《十三步》

联想：脚跨出大门十三步后，刚好碰到了多年未见的老战友，战友重逢，聊了许久。

赶快尝试回忆一遍吧！如果个别记得不牢固，再简单复习一遍。记下来后，有时间也可以去看看这些作品的具体内容，提高自己的文学素养。

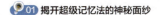

有了输入，还要有输出才会记得更牢。挑战以倒背的方式写出这 20 部作品吧！

______________________________________________

______________________________________________

思考

1. 身体定位法还可以用来记忆哪些信息？

2. 按照这样的思路，除了身体，我们熟悉的物品是不是都可以用来辅助记忆呢？比如汽车、自行车、笔记本电脑、桌子、电视等。

答：

1. 还可以记很多信息，如鲁迅的作品、购物清单、生物知识点，等等。

2. 都是可以的。我们熟悉的事物，都可以用来承载信息。

## 二、牢记十二星座

很多小伙伴都喜欢聊星座，什么星座对应什么性格都一清二楚。十二个星座并不多，但全部按照顺序说出来，而且每个星座的对应日期都知道，也是有难度的。如果我们用方法牢牢记住它，聊天时就可以秀一下了。

下面给大家分享用数字定位法牢记十二星座以及对应日期。

### 十二星座

| | | | |
|---|---|---|---|
| 水瓶座 | 1 月 20 日 ~2 月 18 日 | 狮子座 | 7 月 23 日 ~8 月 22 日 |
| 双鱼座 | 2 月 19 日 ~3 月 20 日 | 处女座 | 8 月 23 日 ~9 月 22 日 |
| 白羊座 | 3 月 21 日 ~4 月 19 日 | 天秤座 | 9 月 23 日 ~10 月 23 日 |
| 金牛座 | 4 月 20 日 ~5 月 20 日 | 天蝎座 | 10 月 24 日 ~11 月 22 日 |
| 双子座 | 5 月 21 日 ~6 月 21 日 | 射手座 | 11 月 23 日 ~12 月 21 日 |
| 巨蟹座 | 6 月 22 日 ~7 月 22 日 | 摩羯座 | 12 月 22 日 ~1 月 19 日 |

数字定位法在“03 超级记忆方法大全”中会详细介绍，我们先把 1~12 这些数字转化为图像，再和每个星座进行联想。记得上幼儿园的时候，老师就会用图像的方式来教同学们学习数字，比如“2 像鸭子”“3 像耳朵”。你会发现小朋友这样记忆非常快，也更有趣。

1 树　2 鸭子　3 耳朵　4 帆船　5 钩子　6 勺子
7 拐杖　8 葫芦　9 哨子　10 棒球　11 筷子　12 婴儿
（1~11 都是根据形状转化，12 是谐音转化）

万事俱备，只欠东风，现在你自己就是导演，只需要发挥一点图像联想能力，就可以让这些画面在你的大脑里自由驰骋。试试只用一遍记下来吧！

## 记忆方法

### （1）树——水瓶座

联想：想象用水瓶给树浇水，回忆时，由 1 月想到树，由此回忆出水瓶和水瓶座。后面 11 个星座以此类推。

### （2）鸭子——双鱼座

联想：双鱼座转化为两条鱼。想象鸭子太饿了，一下吃了两条鱼。

### （3）耳朵——白羊座

联想：如果你揪住了小白羊的耳朵，它可能会咩咩叫呢。

（4）帆船——金牛座

联想：金牛坐帆船过河，它担心被河水淹没。

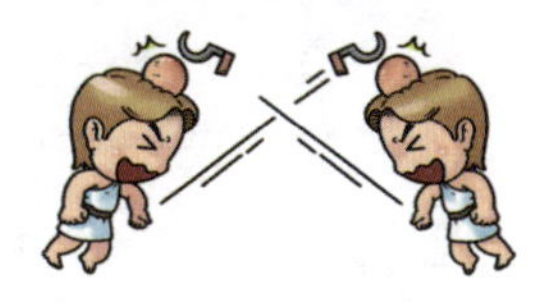

（5）钩子——双子座

联想：双子座转化为两个小孩子。想象两个小孩子互相把钩子扔向对方，这太危险了！

（6）勺子——巨蟹座

联想：想象你正准备吃一只巨大的螃蟹，但没有筷子，只能用勺子。

（7）拐杖——狮子座

联想：年迈的狮子快走不动了，只能拄拐杖了。

（8）葫芦——处女座

联想：处女座转化为小女孩。想象她从葫芦里倒出一颗糖果。

（9）哨子——天秤（chèng）座

联想：你猜猜哨子有多重呢？用天平称一下就知道啦！

（10）棒球——天蝎座

联想：你打棒球时，幸好击中了天上掉下来的蝎子，不然它就会蜇到你。

（11）筷子——射手座

联想：把筷子像射箭一样射出去。

（12）婴儿——摩羯座

联想：摩羯座转化为魔戒。想象给婴儿戴上魔戒，希望他能够健康成长。

只要大家在脑海中能想到以上画面，基本上都能只用一遍就记下来。但每个星座开始的具体时间如何记忆呢？只需要找找规律，每个星座的时间分割点在每月的 20 日前后。我们以 20 日为基准，分成四段来理解记忆，第一段为 1、2、3 月，第二段为 4、5、6 月，第三段为 7、8、9 月，第四段为 10、11、12 月。

| | 开始时间 | |
|---|---|---|
| 水瓶座 | 1 月 20 日 | 以 20 日为基准，2 月、3 月分别减一和加一 |
| 双鱼座 | 2 月 19 日 | |
| 白羊座 | 3 月 21 日 | |

**开始时间**

| 星座 | 开始时间 | 说明 |
| --- | --- | --- |
| 金牛座 | 4 月 20 日 | 以 20 日为基准，依次递增。想象这几个月的气温也是逐步升高的 |
| 双子座 | 5 月 21 日 | |
| 巨蟹座 | 6 月 22 日 | |
| 狮子座 | 7 月 23 日 | 23 日不变，想象放暑假时一直很热，我们期望暑假的温度一直是 23℃ |
| 处女座 | 8 月 23 日 | |
| 天秤座 | 9 月 23 日 | |
| 天蝎座 | 10 月 24 日 | 想象天上掉下来的蝎子果然有面子，给了它一个最大的数字 24（因为其他数字都是 23 及以下）。但后面两个月就逐渐递减了。想象这几个月的气温也是逐步降低的 |
| 射手座 | 11 月 23 日 | |
| 摩羯座 | 12 月 22 日 | |

用身体定位法也可以记星座，但用数字定位法记星座的好处在于：可以立刻知道每个星座是从哪个月份开始的。比如金牛座，就立即能回忆出帆船，想到 4 月份。再由以 20 日为基准和想象气温递增，回忆出具体日期 4 月 20 日。

写一写每个星座与对应的开始时间吧。

______________________________________________

______________________________________________

## 让我来试试

尝试用数字定位法记忆下面的随机词语。

1. 番茄　2. 书包　3. 桌子　4. 台灯　5. 面包　6. 红色　7. 南瓜　8. 小鸟

参考答案

| | |
|---|---|
| 1. 树——番茄 | 联想：树上长出了很多番茄 |
| 2. 鸭子——书包 | 联想：鸭子背着书包去上学 |
| 3. 耳朵——桌子 | 联想：在桌子上趴着睡午觉，耳朵紧贴着桌子 |
| 4. 帆船——台灯 | 联想：帆船上摆了台灯，看来是学习用的 |
| 5. 钩子——面包 | 联想：吃面包吃出了钩子，好危险啊 |
| 6. 勺子——红色 | 联想：用勺子舀了红色油漆，糟了，洗不干净了 |
| 7. 拐杖——南瓜 | 联想：用拐杖不小心戳破了商贩的南瓜，他要我赔钱 |
| 8. 葫芦——小鸟 | 联想：类比到乌鸦喝水 |

# 第三节　什么是超级记忆法

经过简单的体验后，再来介绍具体的理论会更容易理解。超级记忆法的原理当然也是建立在传统记忆的基础之上的，先来了解什么是记忆。

## 一、什么是记忆

### 1. 记忆的过程

记忆是人脑对经历过的事物的识记、保持、再现或再认，它是进行思维、想象等高级心理活动的基础。也可以说是在初始信息（如刺激、图像、事件、想法、技能）不再呈现的情况下，大脑中保持、提取或使用这些信息的加工过程。

在浩瀚的记忆海洋中，最重要的一步就是识记过程。同一个信息，用不同的方法去识记会有不同的结果。比如记忆“cjjyf”这五个字母，如果通过机械式的重复记忆，效率低下；

如果你知道这是超级记忆法拼音的第一个字母，那么看一遍就能牢牢记住。

一般来说，识记可以分为有意识记忆和无意识记忆。本书介绍更多的是有意识记忆的方法，即需要通过大脑思考，联想记忆。而无意识记忆是指没有预定目的，在识记过程中不需要太多的思考，自然而然发生的识记。

识记后进入第二阶段，大脑中对信息保持时间的长短。信息在大脑中能保持多长时间，和记忆时的方法、材料的种类、复习次数、大脑的状态等都有关系，我们完全可以通过对材料的加工处理、科学复习、调整大脑状态来增加对信息的保持时长。

第三阶段就是回忆，只要搭建了回忆线索，提取出来就会比较容易。

2. 记忆的类型

根据信息在大脑中保持时间的长短可以分为瞬时记忆、短时记忆和长时记忆，而我们更需要掌握的是长时记忆的方法。

（1）瞬时记忆

瞬时记忆又叫感觉记忆，是指通过各种感官受到的刺激所引起的短暂性记忆，当刺激停止后，信息在感觉通道内会短暂保留。信息的保存时间很短，一般在 2 秒内。瞬时记忆的内容只有经过注意才能被意识到，并进入短时记忆。

（2）短时记忆

短时记忆是指保持时间大约为 1 分钟的记忆。在没有复述的情况下，信息大约在 1 分钟后就会衰退。比如当你默念一个随机的电话号码，突然有人打断你，一两分钟后让你再复述这个电话号码，你基本上就想不起来了。短时记忆的内容一般要经过不断重复或运用一些记忆技巧，才更容易进入长时记忆。

（3）长时记忆

长时记忆是指信息经过充分而有一定深度的加工后，在头脑中长时间保留下来的记忆。在头脑中保留时间超过 1 分钟的记忆都属于长时记忆，再经过不断复习，形成长久记忆。

长时记忆也可以分为不同种类，主要可分为外显记忆和内隐记忆。其中，外显记忆，也就是有意识记忆，它由情景记忆和语义记忆组成，情景记忆是对个人经历的记忆，而语义记忆则包括对已有知识和客观事实的记忆。

比如你回忆几年前去哪里旅游，还能让你感觉到风景很美，这就是情景记忆。而回忆以前学到的一些知识，如乘法口诀表，怎么学的、在什么场景中学的你已经忘记了，但现在依然能脱口而出，并且还能计算两位数乘以两位数，甚至更多，这就是语义记忆。

可以简单地理解为情景记忆侧重于图像，语义记忆侧重于逻辑。情景记忆和语义记忆，以及这些记忆保持时间的长短也为我们深入研究超级记忆法提供了依据。

## 二、超级记忆法

### 1. 神秘的记忆术

古希腊人开创了许多门艺术，其中一门就是“记忆术”，公认发明这门艺术的人是诗人西蒙尼戴斯。在一位贵族举办的宴会上，大家都有说有笑地边吃边聊，西蒙尼戴斯现场吟诵了一首抒情诗来赞美主人，这首诗不仅赞美了主人，也赞美了双子神。而主人生性不是很大方，他对西蒙尼戴斯说：“感谢你精彩的吟诵，但你也夸了双子神，所以原本打算给你的酬金，只能支付一半给你，另一半你可以向双子神讨要。”

没过多久，门外传信说有两位年轻人要见西蒙尼戴斯，西蒙尼戴斯到门外后，却没有看到访客。就在他离开的一刹那，屋顶发出了一些声响，只见横梁一根又一根地出现裂痕，突然，宴会大厅的屋顶全部倒塌，瞬间掩埋了屋里的所有人，主人和其他宾客都被压在了废墟下，血肉模糊，无法辨认。而西蒙尼戴斯躲过了一劫，他恍然大悟，原来是双子神救了他。

家属来到现场，无法辨识自己的亲人，而西蒙尼戴斯在进入宴会厅后不久，就把每个位置坐的宾客都记下来了，因此帮死者亲属认领了尸体。

这一经历启示了西蒙尼戴斯发现记忆术的原理，据说他就是这样发明了记忆术。由于自己记得每位宾客的位置，由此他领悟出，排列有序是记忆牢固的关键。

由此他推断，想要快速地记住自己需要记住的东西，除了排序外，还需要有具体的场景与图像，并将那些图像放在对应的场景里，这样这个场景就会维护这些图像的顺序。而后他也发现，视觉是人的所有感觉中最敏感的，如果将需要记忆的信息转化为图像后再放入场景里，就能记得更牢。

当时最常用的记忆场景系统是建筑类系统，但这并不是唯一的场景系统。后来进入古罗马时期，记忆术经过不断的演化，越来越完善。常听到的古罗马房间法、记忆宫殿、挂钩法、定位法也是指这种记忆术。

古罗马的西塞罗在《论演说家》中讲述了西蒙尼戴斯发明记忆术的故事，并介绍了罗马演说家使用场景和形象的技巧来演讲，就可以做到脱稿发表长篇演说，记忆术就这样作为演说艺术的一部分在欧洲的经典传统文化中流传了下来。

记忆术经过不断优化，或许有些技巧没有延续至今，但现在的记忆术已经形成了一套适用于现代信息的体系，我们把它称为超级记忆法，它不仅限于场景、图像，还有口诀记忆、类比记忆、物体定位等方法。

### 2. 左右脑原理

美国心理生物学家斯佩里通过著名的割裂脑实验，证实了“左右脑分工理论”，并因此荣获 1981 年诺贝尔生理学或医学奖。正常人的大脑有两个半球，由胼胝体连接沟通，构成一个完整的统一体。

实验表明，左脑主要负责语言、逻辑、判断、排列、分类、分析、推理、理解等，因此可以称作“意识脑”“学术脑”；右脑主要负责空间形象、韵律、节奏、情感、想象、创造等，斯佩里认为右脑具有图像化机能，因此又可以称作“创造脑”“艺术脑”。斯佩里的重要研究成果是人类大脑科学研究的重大里程碑。

运用超级记忆法时，需要把左脑和右脑的能力充分调动起来，提高记忆效率。记忆法的第一步化繁为简，需要用到左脑的观察、分析、分类、理解等能力；第二步图像联想，需要右脑的图像化机能参与。

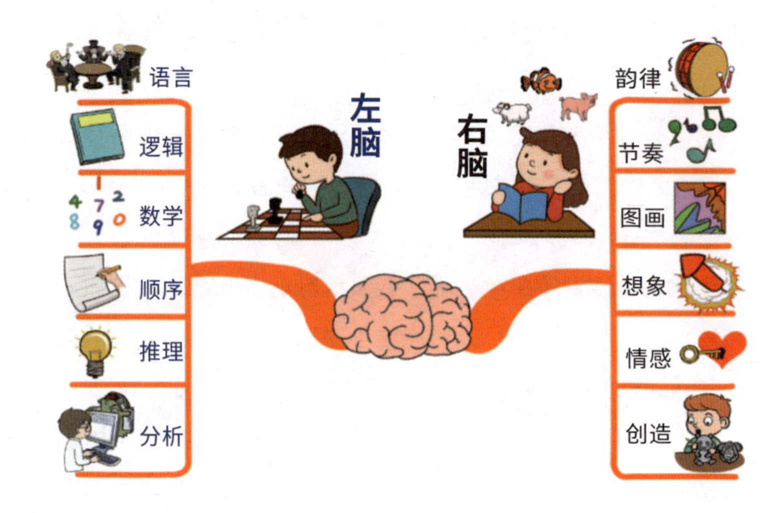


## 第四节　为什么一定要学习记忆法

如果你愿意开启头脑风暴模式，一定能找到一百个学习记忆法的理由。

古希腊诗人说：记忆是智慧之母。

哲学家培根说：一切知识不过是记忆。

沃伦·巴菲特说：记忆力好，不一定会让你成功，但记忆力不好，一定会让你失败。

……

随机采访，请问你们为什么学记忆法呢？

幼儿园小朋友说：为了认识更多的汉字。

小学生说：为了考试考高分。

中学生说：为了学习更轻松。

大学生说：为了轻松通过英语六级。

某老师说：为了让自己的教学更轻松。

某销售说：为了记住更多客户信息，提升业绩。

某朋友说：为了考取更多证书。

某医生说：为了记住更多医学知识。

某记忆选手说：为了获得记忆比赛的冠军。

他说：不为什么，纯粹是兴趣爱好，喜欢就去学。

我说：为了让人生更精彩，让未来充满更多的可能性。

你说：________________________________________

从不同的角度去思考，会得到不同的答案。下面我以自己的学习、教学经历和体会，给大家分享学记忆法的几个主要好处。

## 一、提升学习兴趣

比起死记硬背，用记忆法学习会更具有趣味性。兴趣是最好的老师，有了兴趣，任何事情都可以做好，它会在不知不觉中调动你的学习积极性。

我当初训练记忆法有两大原因：一个是记忆力太差，总想找到一种“灵丹妙药”来改变我的记忆力；另一个就是兴趣，原来古诗、单词、文章、各科知识点还能这样巧记，而且记得又快又牢，瞬间激发了我对学习的热情。

## 二、增强自信心

为什么我的记忆力比其他同学差那么多？这是我在读高中以前经常思考的一个问题。都说穷则思变，我是因记忆力差而思变。可能大家会想，你是全世界只有几百位的世界记忆大师之一，甚至还是全世界仅有的几十位特级记忆大师之一，天生记忆力就应该很好啊！实则不然。

曾经，我是一位严重偏科的学生，文科成绩一塌糊涂，只要是涉及需要大量背诵的科目，成绩都是在班上倒数。现在回过头来看，记忆力差是一个方面，更重要的原因是我内心对这些科目的排斥，没有学好它的信心。

但是，现在我对自己的记忆力有绝对的信心，只要我想记住，就一定能记住。而且遇到越难记的材料会越有信心，为什么呢？我猜测我的潜意识里可能是这样想的："对于难记的材料，一般人都记不住，你能记住，你不是一般人！"

长此以往，会有更多成就感，自信心也随之提升。

## 三、记忆力的提升

曾经背诵一篇文章，就让我感到痛苦万分。但现在，我能背下《弟子规》《三字经》《百家姓》《千字文》《道德经》《大学》《中庸》《论语》《唐诗三百首》等书籍。

如果不是国学老师或者国学爱好者，谁会有信心去背这些书籍的全部内容呢？但是用记忆法背诵，就会更有信心。同时，记忆法的运用水平也会得到提升，对记忆法的理解会更加透彻。

背得越多，知识面越广。在与人的沟通交流中可以侃侃而谈、引经据典，给人带来新鲜观点与启发，渐渐地，你就会在别人心中留下知识渊博的好印象。

## 四、提高学习成绩

成绩的提升受到多方面因素的影响，如老师、学习环境、方法、习惯、动力、努力程度等。但很大程度上也受记忆影响。以前有很多学生因为学习了记忆法，有了学习的动力，成绩也随之提升。

## 五、节约时间

记忆法的最大特点就是记得快、记得牢、记得多，从而节约时间，提升效率。

告诉大家一个秘密，记忆法还非常适合"临时抱佛脚"的考试，别人需要准备两三个星期，你用记忆法备考，可能只需要准备三四天。

### 六、终身受益的技能

学会了记忆法，一辈子都能受益。有了这种技能，你未来会有更多的选择，可以把它结合到各个领域，在学习、工作、生活中，都能助你一臂之力。

记忆法 + 学科考试

记忆法 + 考证

记忆法 + 背书

记忆法 + 写书

记忆法 + 学外语

记忆法 + 比赛

记忆法 + 电视节目

记忆法 + 教学

记忆法 + 大脑训练

记忆法 + 医学

记忆法 + 事业

……

## 第五节　训练后可以达到的效果

安德斯·艾利克森在《刻意练习》里讲到，我们的大脑具有适应性，经过长期的刻意练习，可以改变大脑的神经回路，创建专业化的心理表征。而良好的心理表征可以使我们培养出很多高级的能力，最后达到卓越。人们通过正确的方式进行训练，都可以在某个领域取得杰出的成就。

我们每个人的大脑都可以通过训练得到提升，其中也包括记忆力，训练后到底能达到什么效果呢？下面列举了一些内容给大家参考，在训练中可以朝着这个方向去努力。

## 一、竞技记忆（一般指需要追求速度的记忆，或比赛上的记忆）

| 序号 | 内容 | 中等水平 | 高手水平 |
| --- | --- | --- | --- |
| 1 | 40 个随机数字 | 1 分钟内 | 20 秒内 |
| 2 | 1400 个随机数字 | 3 小时内 | 1 小时内 |
| 3 | 一副洗乱的扑克牌 | 2 分钟内 | 40 秒内 |
| 4 | 14 副洗乱的扑克牌 | 3 小时内 | 1 小时内 |
| 5 | 20 个随机词语 | 1 分钟内 | 30 秒内 |
| 6 | 20 个中文人名与头像 | 6 分钟内 | 3 分钟内 |
| 7 | 400 个二进制数字 | 10 分钟内 | 5 分钟内 |
| 8 | 区分 40 个二维码 | 25 分钟内 | 10 分钟内 |

## 二、实用记忆

| 序号 | 内容 | 可达到的效果 |
| --- | --- | --- |
| 1 | 一本《弟子规》 | 半天背完 |
| 2 | 一本《道德经》 | 4~6 天背完 |
| 3 | 1000 个新单词 | 2~3 天背完 |
| 4 | 100 首古诗词 | 2~3 天背完 |
| 5 | 一篇现代文 | 效率提升 3~10 倍 |
| 6 | 各科知识考点 | 效率提升 3~10 倍 |
| 7 | 一条地铁线路名称 | 1~2 遍记住 |

续表

| 序号 | 内容 | 可达到的效果 |
| --- | --- | --- |
| 8 | 考各种证书的备考 | 效率提升 2~5 倍 |
| 9 | 生活中的一些记忆 | 效率提升 2~5 倍 |

实用记忆没有竞技记忆那样容易量化，它和记忆牢固程度、复习次数、记忆中伴随的理解程度都有关系，所以这里的数据仅作为参考。

正所谓“巧妇难为无米之炊”，在记忆法的训练中，一定要有具体的训练材料。比如要想获得“世界记忆大师”称号，就需要专门训练十个项目，并在比赛中达到规定的标准，在训练这十个项目的过程中获得记忆的方法和能力。如果这十个项目记得很快，就代表记忆力好吗？也不一定！还需要把从中获得的能力进行迁移，提取核心规律，再运用到更多项目上。不断运用、总结、再运用，你就会不断精进，直到成为顶尖的记忆高手。

记忆法训练的进阶过程，我把它概括为以下四个阶段，它是我们通往记忆高手的必经之路。

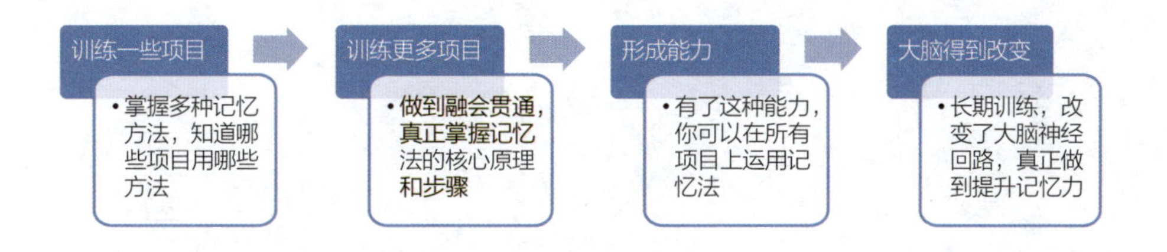


由此看出，先有量变才会有质变。大脑越用越灵活，记忆力也是越训练才会越好。训练是暂时的，而获得的能力是终身的。

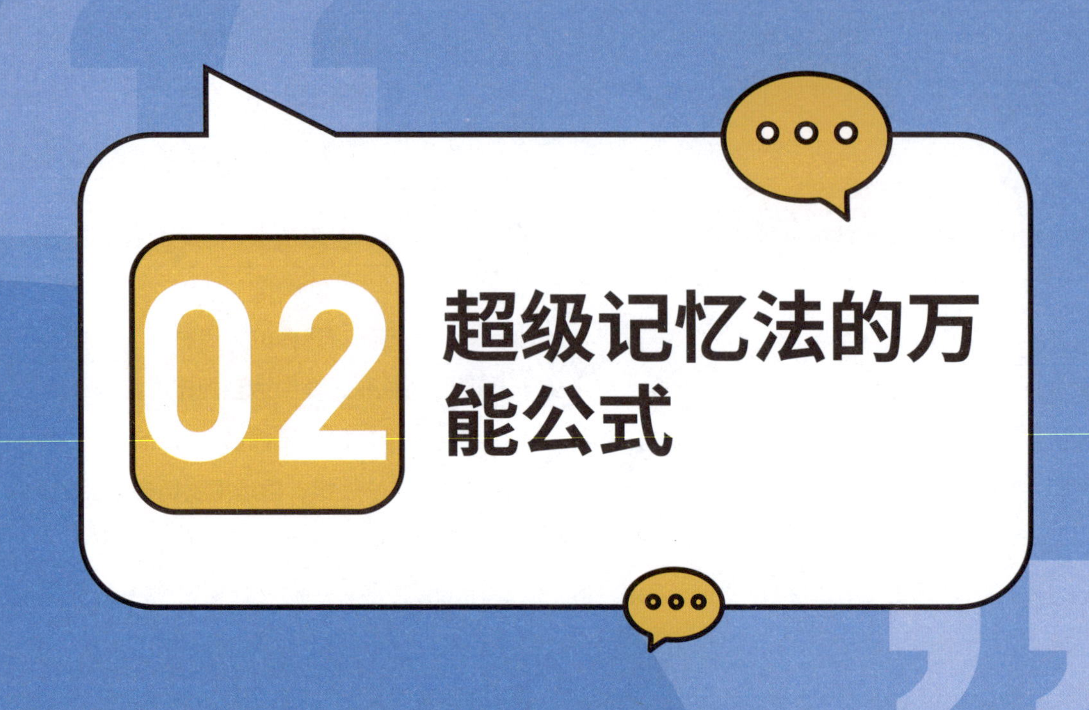

# 02 超级记忆法的万能公式

人，如果没有记忆，就无法发明创造和联想。

——伏尔泰

**超级记忆法的万能公式：化繁为简 + 图像联想 + 以熟记新。**

简称“简联熟”，即把信息简化后联想到熟悉的事物上。一定要牢记：简联熟、简联熟、简联熟！

我们用“1+1=2”作类比，这有利于理解。第一个“1”就是对材料的简化，“+”代表联想、联系与想象，第二个“1”代表我们熟悉的东西，等号后面的“2”就是我们快速记住、记牢的结果。

开篇我们介绍了核心原理，也包含了万能公式中的三个关键词。下面将围绕万能公式“简联熟”展开深入讲解，逐个击破。我喜欢把它比作程咬金的三板斧，招式不在多，而在精。这三个步骤的每个步骤都可以单独作为一种记忆方法使用，如果用得好，记忆效率将得到成倍提升。

## 第一节　化繁为简（简）

在信息简化的过程中，有时也需要用到联想，并尽可能往熟悉的事物上靠拢。所以，简化、联想、以熟记新三者是“共生”的关系。

比如记忆皕（bì）这个字，简化它时，很容易联想到两张一百元的人民币，简化这个过程其实就已经完成了整个联想记忆。

如果要做个记忆过程的拆解，就是下面这样的。

简化：两个一百；

图像联想：两张一百元的人民币；

以熟记新：币。

第二步联想和第三步以熟记新是同时进行的，这里的“以熟记新”就是起到一个指引联想方向的作用，指引着往熟悉的“币”字上靠拢，而不是一个步骤。

以后再看到皕，就能想到两张一百元的人民币，由“币”字的读音回忆出“皕”字的读音。

## 一、信息的简化

对信息进行简化的方式有很多种，其中常用的有以下几种方式。

### 1. 提取关键信息

许多事物都有特征，特征是一个事物记忆的代表。对于非文字类信息，如陌生人脸、国旗等，可以根据自己的第一直觉来提取；文字类信息的提取方法和语文中的提取关键词类似。

| 类别 | 原内容 | 简化后 |
|---|---|---|
| 句子 | 五彩缤纷的焰火在夜空中构成了一幅无比美妙的图案 | 焰火构成图案 |
| 古诗 | 孤帆远影碧空尽，唯见长江天际流 | 孤帆和长江 |
| 单词 | assignment（分配） | as+sign |
| 汉字 | 夥（huǒ） | 果 + 多 |
| 人脸 |  | 特征：白头发、嘴角向下 |

### 2. 重新排序与分类

重新排序起到了简化信息的作用。对于有些不用讲究记忆顺序的信息，把它重新排序或分类后，更有利于记忆。比如在记忆法初体验中记忆了 20 部莫言的作品，《金发婴儿》和《爆炸》排在最前面和头发联想，联想的画面和逻辑就比较顺畅。

我们来尝试记忆一些能提高记忆力的食物，它们分别是：

玉米、花生、鱼类、鸡蛋、牛奶、核桃、芝麻、大豆。

记忆前，首先进行重新排序或分类，比如把它们按照形状的大小顺序排列。

形状比较大的有：鱼类、玉米。

中等大小的有：牛奶（一盒）、鸡蛋、核桃。

形状较小的有：花生、大豆、芝麻。

分类后，你脑海中的大小感觉就是回忆的提取线索。当然，还可以再进行图像联想：鱼吃玉米；牛奶洒在了鸡蛋和核桃上；花生里装的是大豆和芝麻。联想能起到锦上添花的作用，让你记得更牢。

闭上眼睛，尝试回忆一下吧。

### 3. 意义化

只要你愿意充分发挥想象和联想，再枯燥、再没有意义的事都能赋予意义。让信息变得有意义后，记起来会更简单，能起到简化的作用。

比如记忆名字杨熠铭，可以联想为有一只小羊考试考了第一名，或者小羊金榜题名了，光彩熠熠。

可能大家会想，这样不是复杂化了吗？简化不一定是字数上的减少，而是把信息变得简单或容易理解。

### 4. 拆大合小

“拆大合小”可分开理解。“拆大”是指把比较长的信息拆分成一个个小块，一般考虑从某些节点去拆分。比如背诵韩愈的《师说》前，就需要先做拆分。

古之学者必有师。师者，所以传道受业解惑也。/ 人非生而知之者，孰能无惑？惑而不从师，其为惑也，终不解矣。/ 生乎吾前，其闻道也固先乎吾，吾从而师之；/ 生乎吾后，其闻道也亦先乎吾，吾从而师之。/ 吾师道也，夫庸知其年之先后生于吾乎？/ 是故无贵无贱，无长无少，/ 道之所存，师之所存也。

“合小”是指把零散的字、词等信息合成一个整体，也叫组块。心理学家米勒最早提出组块的概念，所谓组块化，是指将若干小单位合成大单位的信息加工。

假如没有听过《道德经》中的“载营魄抱一”，那这句话对于我们来说就是5个字，即5个信息。如果听过并对它很熟悉，那就是1个信息。对于能背诵《道德经》全文的人来说，“载营魄抱一，能无离乎”也约等于1个信息。所以，小的信息可以不断向上组合，把“小雪球”滚成“大雪球”，这就是组块化。

当然，组块的方式很多，最简单粗暴的方法就是多读和理解其含义，除此之外，还可以用联想、意义化、图像化等方式使之组块化。

可能你会问，组块后形成的一个“块”，这个“块”的大小是怎样的呢？

米勒曾对短时记忆的广度进行过比较精确的测定，测定一般人一次的记忆广度为7±2项内容，多于7项内容则记忆效果不佳。这个“七”被称为“魔力之七”。注意，7项内容并不是7个字或者7个数字，而是7个小块。

从“魔力之七”原则与实战记忆经验来看：

**英语单词的字母组块的大小一般为2~7个字母。**

如“station”，拆分为两个组块：sta和tion。

**文言文组块的大小一般为4~20个字**。

如“古之学者必有师。师者，所以传道受业解惑也”，可以为一个组块。

**白话文组块的大小一般为7~30个字**。

如“空气是那么清鲜，天空是那么明朗，使我总想高歌一曲，表示我满心的愉快”可以为一个组块。如果觉得太长，也可以分为四个组块。

每个组块的字数仅作为参考，有时可根据实际情况灵活调整。组块太小，记忆量变大；组块太大，不利于记忆。

## 二、图像化

爱因斯坦多次跟别人说过他“独特”的思考方式：在考虑问题的时候喜欢用图像的方式思考。比如思考一个物理过程，那些磁场、电场在他大脑里都是非常生动的曲线，思考出结果后再用数学语言描述出来。

我们接触的信息一般有文字、数字、英文、符号、图像、声音等，这些信息都可以通过一定的方式转化为图像。

其中，将文字转化为图像是训练实用记忆法的一个重点内容。如果一段文字本身就自带画面感，那就用它原本的画面，比如“我正走在大街上”“小狗吃苹果”等。如果文字本身比较抽象，难以图像化，就可以用以下几种方法转化为图像。

### 1. 谐音法

当碰到一些抽象词不知道转化成什么图像时，可以打开手机输入法，输入抽象词的拼音，你会得到很多参考答案。

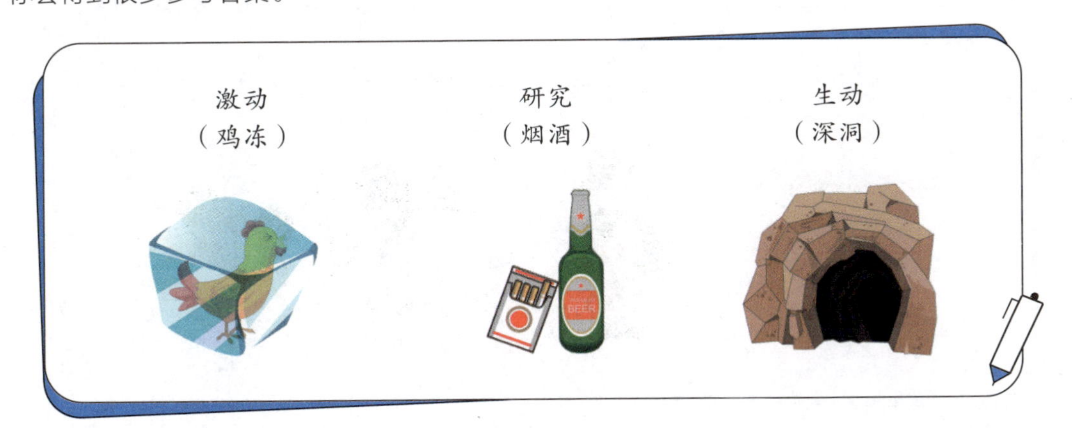


### 2. 拆合法

拆合法即先拆后合，把所记的词语拆成单个字或单个组块后分别转化成图像，再联想到一起，比如“海枯石烂”联想为干枯的大海中间有破碎的石头。

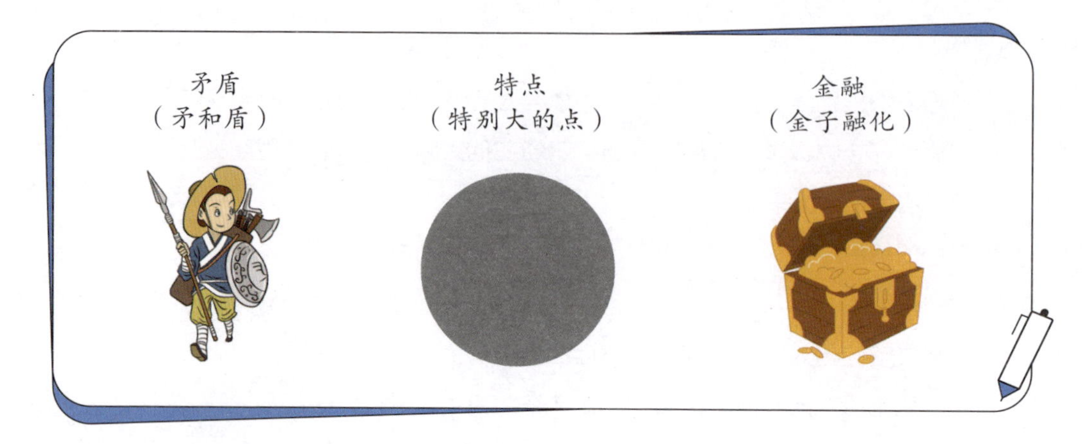


### 3. 相关替代法

相关替代法指的是找一个形象的事物来替代原信息，并且它们之间的相关度越高越好。例如，说到北京，大家的第一反应可能是天安门或五星红旗的图像。

### 4. 增减字 & 倒字法

增减字：在原来的抽象文字上增加或减少字后，转化为图像。

倒字法：即颠倒一下文字的顺序转化为图像。

以上两种方法在实战中应用得相对少一些，但不用则已，一用惊人，威力巨大，让人印象深刻。如脑筋急转弯：什么东西顺着念会飞，倒过来念可以吃？答：蜜蜂、蜂蜜。哪些话顺着念和倒着念一个意思？答：上海自来水来自海上。

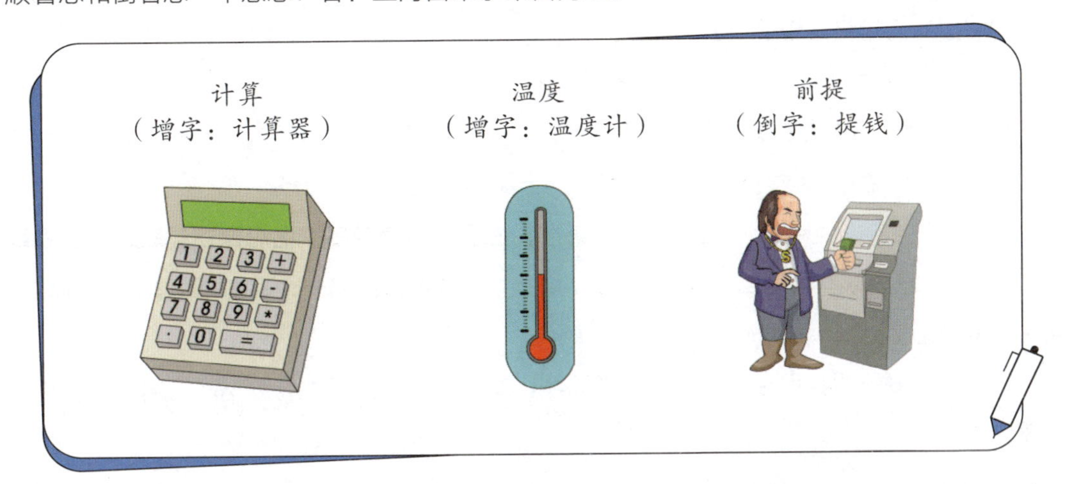


为什么要转化为图像呢？除了有利于记忆之外，将信息图像化还有这样的神奇魅力：**使枯燥的信息变得有趣，让信息产生莱斯托夫效应，增强信息之间的区分度，减少干扰。图像更容易吸引我们的注意力，激发情绪感受，让更多感觉参与到记忆中，从而记得更快、更牢。**

## 让我来试试

尝试把以下词语转化为具体的图像。

1. 影响　2. 忽视　3. 义务　4. 信用　5. 公平　6. 贸易　7. 思维　8. 竞争

参考答案

1. 影响（音响）　2. 忽视（护士）　3. 义务（衣物）　4. 信用（信用卡）

5. 公平（天平）　6. 贸易（钱）　7. 思维（大脑）　8. 竞争（两个人跑步比赛）

## 第二节　联想（联）

**“联想”是记忆法中最重要的一步。**

联想是头脑中由一个事物想到另一个事物的心理活动。很早以前，古希腊学者就认为，提高记忆力的根本方法就是依靠自己的联想，使思维尽可能地发散。因此，古希腊人非常崇拜具有超强记忆力和思维能力的人，并把他们当作神的化身。

在记忆法中，联想有两个主要作用：**第一，让任意两个或多个信息建立起联系，使零散信息组块化，搭建起牢固的回忆线索；第二，由一个事物联想到另一个事物，让思维得到激发，产生更多的记忆点。**

联想时，要让大脑尽可能有图像或画面感，通过联想将信息关联到一起的常用方式有以下三种。

### 1. 主动出击

主动出击即脑海中的一个图像对另一个图像发生动作，所谓“不打不相识”，“打了架”它们就有了联系。**这是任意两个或多个信息建立联系的万能方法。**

如“李冰”与“都江堰”两个信息。

联想：李冰跳进了都江堰，身上立刻结冰。“跳进”就是一个动作，两者就有了联系，当你想到李冰，就能回忆起都江堰；想到都江堰，就能回忆起李冰。

再来看几个例子。

| 序号 | 内容 | 图像联想 |
| --- | --- | --- |
| 1 | 铅笔——衣服 | 铅笔戳破了衣服 |
| 2 | 衣服——铅笔 | 衣服包裹着铅笔 |
| 3 | 大象——小树 | 大象用鼻子折断了小树 |
| 4 | 熊猫——玻璃 | 熊猫拍碎玻璃门 |
| 5 | 莱特——飞机 | 莱特坐飞机（来坐特等座的飞机） |

续表

| 序号 | 内容 | 图像联想 |
| --- | --- | --- |
| 6 | 杜甫——子美 | 杜甫把孩子打扮得很美 |
| 7 | 杜康——酒圣 | 杜康把酒喝到了肚子里 |

主动出击法更适合竞技记忆，但对于需要长时记忆的信息，更推荐第二种联想方式——建立逻辑。很多记忆法老师会教我们，联想要生动、夸张，而且越夸张越好。夸张联想当然也没有问题，能锻炼我们的想象力，刺激记忆感觉，让我们脑洞大开。

但凡事过犹不及，一味地夸张联想，缺乏逻辑性，不利于长时记忆。根据莱斯托夫效应可知，所有联想都夸张，那就变得不特殊了。所以，夸张联想与逻辑联想结合使用，效果更好。

### 2. 建立逻辑

广义上的逻辑泛指规律，包括思维规律和客观规律。在记忆法中，建立逻辑的联想包括了找规律、找关联、编有意义的故事、创建因果关系等。

用和前面一样的内容，来看看有逻辑关系的联想是怎样的，与主动出击联想做个对比。

| 序号 | 内容 | 图像联想 |
| --- | --- | --- |
| 1 | 铅笔——衣服 | 小孩子调皮，用铅笔戳破了衣服 |
| 2 | 衣服——铅笔 | 衣服包裹着铅笔，因为怕笔尖戳到人 |
| 3 | 大象——小树 | 大象用鼻子折断了小树，救下了小象 |
| 4 | 熊猫——玻璃 | 熊猫拍碎玻璃门，才能吃到外面的竹子 |
| 5 | 莱特——飞机 | 飞机飞得特别快，朝你飞来了 |
| 6 | 杜甫——子美 | 杜甫把孩子打扮得很美，因为今天有写字比赛 |
| 7 | 杜康——酒圣 | 杜康把酒喝到了肚子里，想测试自己酿的酒是否好喝 |
| 8 | 李冰——都江堰 | 李冰跳下都江堰，是为了救儿子 |

与主动出击联想对比，这样的联想有情节、有因果关系，记忆效果会更好。

根据教学情况来看，对于初中生及以上的学员（包括成人），他们更喜欢有逻辑的联想，而不是荒诞、极其夸张的联想。

在联想记忆时，如果不知道这个联想是否有逻辑，解决办法很简单：**只需要加一个为什么，并做出回答，就代表疏通了逻辑，有了因果关系。**比如联想记忆三轮车和二胡，想象三轮车上拉着二胡。为什么呢？因为要拉去市场上卖。杜康把酒喝到了肚（杜）子里，为什么呢？想测试自己酿的酒是否好喝。

### 3. 类比到熟悉的事物上

联想记忆时，大脑中会有一个画面或故事，这个画面或故事不用临时创造，而是借用熟悉的画面或故事来作类比。

这也是我最喜欢用的联想方式之一，我觉得它是最省心的联想，而且记得相当牢固。

比如前面提过的“小鸟”和“葫芦”之间的联想，不用联想为小鸟啄破了葫芦，而是用我们熟悉的“乌鸦喝水”的场景作类比。由乌鸦可记住小鸟，由装水的瓶子可记住葫芦，而“小鸟”和“葫芦”之间根本不用发生动作，你也能记得很牢固。

用和前面一样的内容，结合我经历过的场景，给大家做个类比联想示范。

| 序号 | 内容 | 类比到熟悉场景 |
|---|---|---|
| 1 | 铅笔——衣服 | 有一次做活动，很多同学说：“用笔在他背上签个我的名” |
| 2 | 衣服——铅笔 | 我读书时，把铅笔放在衣服口袋里，用手摸时，戳到了手指 |
| 3 | 大象——小树 | 我有一次看动物世界，一群大象直接把一棵小树踩倒了 |
| 4 | 熊猫——玻璃 | 有一次去动物园看动物，透过玻璃看到熊猫吃竹子 |
| 5 | 莱特——飞机 | 在候机室等飞机时，旁边来往的人特别多 |
| 6 | 杜甫——子美 | 有一次看到别人用毛笔在写杜甫的《望岳》，字写得特别美 |
| 7 | 杜康——酒圣 | 有个朋友因喝酒进了医院，喝酒导致肚子不健康 |
| 8 | 李冰——都江堰 | 冬天去都江堰玩，看到水面没有结冰 |

这些场景都是我自己亲身经历过的，所以用来记内容就会特别牢固。对于没有学过记忆法的人来说，过往的经历可能过去也就过去了。但是学了记忆法，你可以把经历过的一切充分地利用起来，帮助你记忆知识，“经历”就是我们宝贵的“财富”。

## 想象力

如果说“联想”是一朵含苞待放的花朵，那么加上“想象力”后，就变成了一朵盛开的鲜花。要想发挥出联想的巨大威力，就要结合无限的想象力。

想象力是指在大脑中描绘图像的能力，不仅有图像，还有声音、味道、触觉及疼痛和各种情绪体验，这些都可以在大脑中“描绘”出来，从而有身临其境的体验。

爱因斯坦说过：“想象力比知识更重要，因为知识是有限的，而想象力能概括世界上的一切，推动进步，并且是知识进化的源泉。”想象力也是智力的一部分，经常锻炼想象力可以让大脑更加灵活。

很多人都看过一些记忆挑战类的节目，选手有着惊人的记忆能力。比如挑战微观辨水、面孔识别、二维码识别、指纹识别等项目，核心技巧就是把非常细微的部分想象成熟悉的事物来记忆。

我们该如何训练自己的想象力呢？可以从两方面着手：一是训练大脑中内感官的想象；二是在眼睛所能看到的画面上进行观察想象。

### 1. 内感官想象

通俗来说，就是闭上眼睛在脑海中想象。我们分别从视觉、听觉、嗅觉、触觉、味觉和综合感觉方面来训练。综合感觉包含了对事物的整体感受、意义感受、价值判断等。拿苹果来举例，先调整好自己的状态，用心去感受吧！

| 视觉 | 感受你脑海中的苹果的形状、颜色、大小 |
| --- | --- |
| 听觉 | 感受用锤子、笔、手敲击苹果的声音 |
| 嗅觉 | 感受苹果闻起来的气味 |
| 触觉 | 感受用手摸、刀切、牙齿咬的触感 |
| 味觉 | 感受咬一口苹果的味道 |
| 综合感觉 | 给你带来的整体感受是怎样的，有什么意义 |

这几种感觉中，最重要的还是视觉，也就是大脑中的画面感。很多时候，画面在脑海中需要“动起来”，比如可以想象苹果变大、变小、变多、变少、旋转、滚动、砸向某物等。

还可以用数字编码中的图像来做训练。

### 2. 观察实物想象

只要睁着眼睛，随时都可以练习，眼前看到的一切物体都可以加以想象。

我们拿世界记忆锦标赛中的抽象图形项目举例，看到下面这些图，你能想象出什么呢？

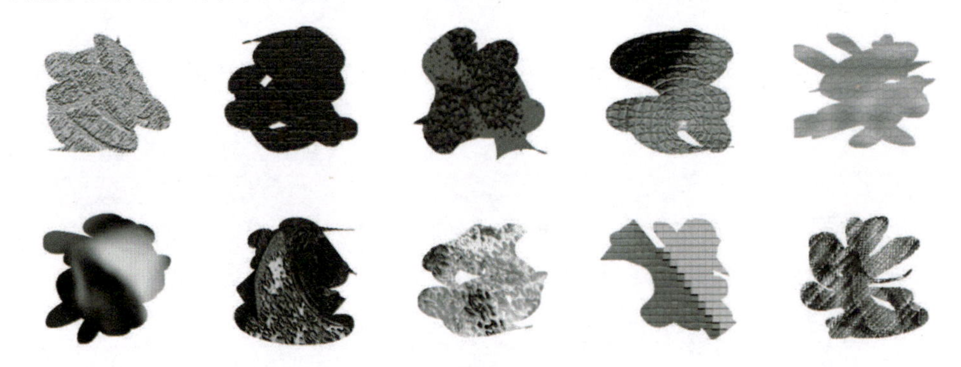

第一排第一个，观察纹理，有点像石头的侧面，所以把它想象为石头。

第二个，有两个孔洞，像是眼睛，想象为侧着的黑熊的头。

第三个，有很多黑点，想象为发霉的面包。

第四个，一圈一圈又一圈，想象为水纹。

第五个，形状像站着的兔子，上面像兔子耳朵，左边像尾巴，下面像两只脚。

第二排的五个，你来尝试想象一下吧！

**让我来试试**

把下面各组信息的内容联想到一起。

交通事故——122　　槑——méi　　赤道——八万里　　孟加拉国——达卡

参考答案

交通事故——122（发生交通事故的原因是撞到了一只又一只的鸭子。）

槑——méi（两个呆呆的人被打劫了，但他们身上什么都没有。）

赤道——八万里（想到毛主席的诗句：坐地日行八万里，巡天遥看一千河。）

孟加拉国——达卡（在孟加拉国上班，每天都要打卡。）

## 第三节　以熟记新（熟）

以熟记新，指的是用已知的、熟悉的事物来记忆陌生的事物，是万能公式“简联熟”的“第三板斧”。

“新信息”和“熟信息”通过联想建立联系，会有两种情况。

一种是没有具体的定位，比如前面分享过的“李冰跳进了都江堰”，你可以想象这个画面是在都江堰发生的，也可以是你大脑中构建的一幅图，还可以是一个卡通画面，它没有一个具体的位置作为背景。

另一种情况是有具体的定位。这就要引出记忆法中非常重量级的一套方法体系——定位法。定位法是由记忆宫殿法衍生出的一系列方法的集合，也叫定桩法。例如，在记忆法初体验中记忆的莫言的作品和十二星座，《金发婴儿》和《爆炸》联想在“头”上，“头”就是具体的定位；金牛座和帆船联想，“帆船”就是具体的定位。无定位与有定位的关系，和“泛指”与“特指”的关系有些相似。

## 一、定位法

简单来说，定位法指的是把所记的信息通过联想定位到熟悉的、有序的“位置”上。好比把箭射到箭靶上，“箭”就是新信息，射箭过程就是联想，“箭靶”就是具体“位置”。

定位法包含的方法有：记忆宫殿法、数字定位法、物体定位法、图像定位法等，其核心都需要一个熟悉的“位置”来承载新信息。“位置”是我们回忆提取信息的关键线索，这些位置被叫作“定位桩”或“定位点”。

经常用来承载信息的“定位桩”如下。

（1）熟悉的场景、空间、建筑。

（2）图像、图片。

（3）熟悉的人、物。

（4）熟悉的句子。

（5）数字、字母。

（6）熟悉的事件。

（7）熟悉的其他一切事物。

我们来看具体的例子：

用字母作为定位桩，记忆高效能人士的七大习惯。（字母编码详见“05 英语单词全记牢”中的“第三节 字母组合编码”）

积极主动；以终为始；要事第一；双赢思维；知彼解己；统合综效；不断更新。

| 新信息 | 联想 | 熟悉信息或定位桩 |
| --- | --- | --- |
| 习惯一：积极主动 | 饿了，积极主动地吃苹果 | a（苹果） |
| 习惯二：以终为始 | 用笔写完了一本字帖，以这个终点为开始，再写十本 | b（笔） |
| 习惯三：要事第一 | 登月是重要的事，要放在计划的第一位 | c（月亮） |
| 习惯四：双赢思维 | 做事要有利于我的双胞胎弟弟，也要有利于我 | d（弟弟） |
| 习惯五：知彼解己 | 用眼睛多观察别人，才能知彼知己。了解别人，才能让别人了解自己 | e（眼睛） |
| 习惯六：统合综效 | 鱼群合作，综合效率很高 | f（鱼） |
| 习惯七：不断更新 | 信鸽也要不断更新自己，送信才会更快 | g（鸽子） |

这就是用熟悉的字母来记忆新信息。尝试倒背一遍这七个习惯吧！

这里其实还有一个非常重要的内容，就是如何联想，比如以“习惯四：双赢思维”举例。

很多初学者会这样联想：弟弟打牌赢了两次，所以记住双赢思维。很明显，这和“双赢思维”的意思完全不吻合，不利于理解。这就是实用记忆法的难点所在，联想时，应该考虑联想的内容和内容本身意思的吻合度，哪怕不是很吻合，至少也不要联想出太多无关的图像，否则会对理解造成干扰。随意联想记忆，会导致实际意义和理解之间有很大冲突。因此，很多不了解记忆法的人看到这样的记忆方式，就会开始排斥记忆法。

所以，要不断训练和总结，大脑中才会产生更多好的联想。

由此，我们还要引出一个认知心理学上的核心概念——心理表征。

## 二、心理表征

心理表征是指信息或知识在心理活动中的表现和记载方式。我们在对事物进行心理加工时，在头脑中选一个东西来代表事物本体，这样才有助于我们理解事物，被选中的这个东西就是“心理表征”。

例如，说到“苹果”二字，我们的心理表征就是红红的、圆圆的苹果图像。再如：

| 事物 | 心理表征 |
| --- | --- |
| 飞流直下三千尺 | 像瀑布一样流水的画面 |
| 肚子饿了 | 肚子咕噜咕噜、空空的感觉 |
| 打电话 | 某人打电话的一个情形 |
| 做饭 | 煮饭和做菜的情形 |
| 伟大 | 可能是毛主席、某个英雄或竖大拇指等 |

是不是和文字转图像的方式有些相似呢？简单来说就是：对于一个东西，我们大脑中会反应出一个最具代表性的画面或感觉来替代它，这就是心理表征。

## 回忆线索不等于心理表征

用记忆法可以快速建立起回忆的线索，但并不意味着线索就是心理表征。

比如前面提到的，用字母作为定位桩记住了七个习惯，想到“做事要有利于我的双胞胎弟弟（d），也要有利于我”，就能回忆出“双赢思维”，这是很好的回忆线索，但它不是心理表征。

再用记忆法初体验中的十二星座记忆来举例，比如问你 6 月 22 日是什么星座？你的回忆线索是这样的：

刚记忆后，不熟悉时的回忆线索：6 月 22 日→6→勺子→吃螃蟹→巨蟹座。

记忆深刻后的回忆线索：6 月 22 日→巨蟹座。

记忆深刻后，6 月 22 日是巨蟹座的心理表征就搭建牢固了。而“6→勺子→吃螃蟹”这个过程不需要成为心理表征，它只是回忆线索。当别人提到 6 月底时，你会不假思索地说出这个时间段是巨蟹座。而不会出现别人说 6 月，你说吃螃蟹的情况。

**所以我们需要的就是能快速形成“心理表征”这个结果，中间的联想只是回忆线索。**而如果联想记忆时画面过于夸张，引入太多无关的画面，就会影响或干扰心理表征的形成。也就是我们所说的，影响理解。虽然通过夸张手段可以快速记住知识，但这是以牺牲理解为代价的。

比如记忆“道可道，非常道”，你联想为“刀客刀，非常刀”。“刀”就是多余的画面，记忆时，你的大部分注意力就会在“刀”这个画面上，在“道”上分配的注意力就会很少，从而影响了对“道”的心理表征的形成。

### “脱桩”

在回忆时，不用通过联想的画面或内容而直接回忆出结果，很多人把它叫作“脱桩”，我习惯用“过河拆桥”来作类比。比如前面记忆的高效能人士的七大习惯，如果不用字母定位桩回忆，就能快速地背出这七大习惯，说明你已经实现了“脱桩”。能做到“脱桩”背诵，说明对所记内容很熟悉，也有了牢固的心理表征。

通过定位法或记忆宫殿来背知识，在没有“脱桩”前，都要先回忆“定位桩”，再回忆“定位桩”上联想的内容。而随着时间的推移，多复习几次后，慢慢地就不需要“定位桩”作为回忆线索，相当于跳出了“定位桩”这个“中间商”，直接回忆出所记内容。

如何尽快实现“脱桩”呢？最好的方式就是多复习，学以致用，迁移运用到生活、工作、学习中。

### 万能公式是否真的万能

这部分对“三板斧”都已经做了详细讲解，那么万能公式“简联熟”是否真的能套用在任何记忆法中，记忆任何信息呢？答案是肯定的！但有时也没有必要用，比如记忆“1234”这种很简单的信息。

下面选几个例子来做拆解，让大家对记忆中的每一步更加清楚。（注：“简联熟”三板斧不一定每次都同时用，有时可能只用一板斧就记住了。）

例 1：前面记忆的“双赢思维”

联想：做事要有利于我的双胞胎弟弟（d），也要有利于我。

记忆的拆解过程：

（1）简化：双赢思维→双赢→两个有利于；

（2）图像联想：做事要有利于我的双胞胎弟弟（d），也要有利于我；

（3）以熟记新：定位到了熟悉的字母“d”上。

例 2：carpet [ˈkɑːpɪt]n. 地毯

联想：汽车（car）撞到了地毯上的宠物（pet）。

记忆的拆解过程：

（1）简化：car+pet；

（2）图像联想：汽车撞到了地毯上的宠物。

例 3：验证码 214857

联想：可以不用联想。

记忆的拆解过程：

简化：214（情人节）+857（谐音：打火机）。

例 4：叶子出水很高，像亭亭的舞女的裙。（朱自清《荷塘月色》）

联想：根据本意联想即可。

记忆的拆解过程：

（1）简化：叶子、裙；

（2）图像联想：根据本意联想出画面；

（3）以熟记新：叶子是新信息，裙是熟悉的信息。

（如果“裙子”我们不熟悉，作者就不会把叶子比作裙了。）

## 让我来试试

写出联想记忆“槑”字的拆解过程。

槑（méi）。

联想：两个呆呆的人被打劫了，但他们身上什么都没有。

（1）简化：

（2）图像联想：

（3）以熟记新：

参考答案

（1）简化：呆＋呆；

（2）图像联想：两个呆呆的人被打劫了，但他们身上什么都没有；

（3）以熟记新：用熟悉的“没”记忆新的“槑”。

# 03 超级记忆方法大全

学习，不论在任何场合都要以记忆为基础，记忆只有通过反复练习才能达到强化，以这种意义来说："学习助记器"对广大学生在学习过程中的记忆有很大的帮助，的确是一个值得关注的学习工具。

——蚝谷米司

看到接下来要介绍这么多记忆方法，大家心里可能会想，自己到底能不能都学会呢？完全不用担心，因为我们已经掌握了核心原理和万能公式“简联熟”。万变不离其宗，下面会对每种方法进行深入讲解与实战应用，学完后，我们对记忆法的认识又会更进一步。

## 第一节　配对联想法

配对联想法指的是把两个需要记忆的信息通过联想让它们配对到一起，当提示其中一个信息时，立刻就可以回忆出另一个信息。只要通过合适的联想，就没有不能配对的信息。

为了加深大家的印象，给配对联想法取了一个绰号，叫作“**最强媒人**”，因为它能让所有信息“牵手”成功。

## 小试牛刀

### 1. 四大名著与作者连线

| | |
|---|---|
| 《西游记》 | 罗贯中 |
| 《水浒传》 | 曹雪芹 |
| 《三国演义》 | 吴承恩 |
| 《红楼梦》 | 施耐庵 |

| 作品与作者 | 配对联想（不熟悉名字） | 配对联想（较熟悉名字） |
|---|---|---|
| 《西游记》——吴承恩 | 孙悟空承蒙唐僧施恩，终于冲出五（吴）指山 | 孙悟空承认恩师有两个 |
| 《水浒传》——施耐庵 | 宋江很帅，师奶暗（施耐庵）自喜欢 | 水→湿（施） |
| 《三国演义》——罗贯中 | 《三国演义》吸引了三个逻（罗）辑清晰的观众（贯中）观看 | 三个观众（贯中） |
| 《红楼梦》——曹雪芹 | 林妹妹朝（曹）贾宝玉走去，教他学琴（雪芹） | 红楼上学琴（雪芹） |

注意：如果听过作者的名字，只需要联想关键点即可，减少记忆量。

### 2. 随机词语配对联想

为了让联想更深刻，用前面提到的“多加一个为什么”来疏通逻辑。

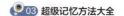

| 随机形象词语 | 配对联想 | 图像 |
| --- | --- | --- |
| 酒壶——玫瑰 | 用酒壶给玫瑰花浇水<br>（为什么：找不到浇水壶了，所以只能用酒壶代替） | |
| 玫瑰——酒壶 | 玫瑰花插在酒壶上<br>（为什么：找不到插花的容器，用酒壶代替） | |
| 锄头——榴莲 | 锄头锄开了榴莲<br>（为什么：想吃榴莲，掰不开，只能用锄头锄开） | |
| **随机抽象词语** | **配对联想** | **图像** |
| 年轻——艺术 | 虽然他年纪轻轻，但绘画艺术水平很高<br>（为什么：可能是天才少年） | |
| 认真——概念 | 认真看书中的概念<br>（为什么：明天要考试了） | |

我们发现，形象词语配对联想比较容易，抽象词语要适当转化后再联想，难度稍微大一些。

配对联想的牢固程度如何呢？测一测就知道了。请依次说出认真、年轻、玫瑰、榴莲的另一个配对词。

## 公式

$$1+1=1$$

对于主要的几种记忆法，都总结了一个公式来表示，目的不是让大家记住公式，而是更容易理解方法的原理。

配对联想法可以比作“1+1=1”，前面两个“1”分别代表我们要记的信息，“+”代表联想，等号右边的“1”代表联想后的故事或画面。比如《三国演义》与罗贯中可以比作前面两个“1”，“三个观众”就是后面的“1”，即把两个信息通过联想后精简成了一个信息。

## 使用要点

（1）联想时，简洁一些。

（2）大部分的联想需要有画面感。

（3）先观察、发现两个信息间的联系，如果没有联系，才进行联想。

（4）部分信息可以夸张、荒诞地联想。

## 应用范围

配对联想法是所有记忆方法的基本功，适用于任何两个信息配对的快速记忆。它非常适合记忆选择题、填空题及学科上要记的零碎知识点，还有各类常识、人名与人脸匹配、国家名与国旗、车名与车标、商品价格等。

## 实战应用

### 1. 文字信息配对

（1）王先生的 QQ 签名最近改成了“庆祝弄璋之喜”，他近来的喜事是（　　　）。

A. 新婚　B. 搬家　C. 妻子生了个男孩　D. 考试通过

“弄璋之喜”，指的是这户人家的新生儿是个男孩。正确答案是：C。

“弄璋”与“男孩”配对联想。这里有两种联想方式，一种是理解后联想，比如先理解“璋”，指的是一种玉器，古人把璋给男孩玩，希望他将来有像玉一样的品德；另一种是不用理解，直接用表面意思或者谐音转化后联想。

下面就提供两种联想方式，你更喜欢哪一种呢？

**记忆方法**

理解后联想：小男孩张（璋）开双手，玩弄自己手上的两个玉手镯。

直接联想：小男孩玩弄蟑（弄璋）螂。

（2）“讳疾忌医”典故中的君王是（　　）。

A. 晋文公　　B. 蔡桓公　　C. 秦孝公

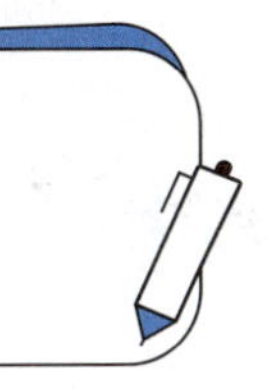

讳疾忌医的意思是隐瞒疾病，不愿医治，比喻怕人批评而掩饰自己的缺点和错误。扁鹊指出蔡桓公得病了，而蔡桓公不承认。正确答案是：B。

**记忆方法**

联想：喜鹊（扁鹊）吃菜（蔡桓公）后，肚子不舒服，不去就医。

以上案例的答案大家或许都知道，但更重要的是从案例中掌握记忆的步骤与方法。步骤不难，最难的是灵活地联想。同一个信息，联想得不好，可能两天后就忘了；联想得好，一辈子都不会忘。

### 2. 图文信息配对

图文信息配对指的是图与文字的配对联想，比如人脸与姓名的配对，国旗与国家的配对，植物与对应名字的配对等。

按照万能公式“简联熟”的步骤，先对需要配对的图像提取关键特征，也就是简化，然后和文字联想到一起。我们用头像与人名配对举例。

（注：头像来自世界记忆锦标赛试题）

**记忆方法**

第一位孙露，特征为头发上的饰品。联想：孙悟空施魔法，把她头发上的饰品变成了露水。

第二位张丽华，特征为耳环。联想：耳环上长（张）出了梨花（丽华）。

第三位周海，特征为头发。联想：头发周围都是大海。

第四位王华东，特征为白色头发。联想：把整个发型看成地图，往华东（王华东）片区看，已经没有了头发。

**作者的经验分享**

配对联想法一般用于两个信息的配对记忆。很多人认为记忆两个信息比较简单，用记忆法太麻烦，还不如死记硬背快。我想用骑自行车来说明，刚学骑自行车的时候总是摔跤，感觉还不如走路快，但学会之后你会发现，速度提升了好几倍。

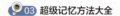

我现在记忆一些信息时，大脑中会不自觉地进行联想，形成一些画面，而且也不是很刻意，似乎潜意识会帮助我自动完成联想记忆。所以，多练、多用，慢慢地就会游刃有余。

**让我来试试**

先用手遮住参考联想，把下面的题目和答案的内容进行配对联想。

| 序号 | 题目 | 答案 | 参考联想 |
|---|---|---|---|
| 1 | 世界上最深的海沟是? | 马里亚纳海沟 | 一匹马掉进了最深的海沟里 |
| 2 | 被誉为“万园之园”的是? | 圆明园 | 万园中最“圆”的园 |
| 3 | 马尔代夫的首都是? | 马累 | 骑马去马尔代夫旅游，马都累了，你却不累 |
| 4 | “画圣”指的是? | 吴道子 | 名画被人划了五刀子 |
| 5 | 《资治通鉴》的作者是? | 司马光 | 司马光砸缸后，水就流通了 |
| 6 | “夬”的读音是? | guài | 跑得太快，把“心”跑掉了，就成了怪人 |

注意：参考联想只联想了关键部分，很多时候，有了关键点的提示就能回忆起全部内容。

## 第二节　故事串联法

可从字面意思上理解故事串联法，就是将需要记忆的信息通过编故事的方式串联起来。当遇到较多毫无联系的信息时，就可以用此方法。

好比一部电视剧里有很多角色，编剧和导演会让这些角色之间产生一定的联系，并形成冲突和引人入胜的故事情节，这样才是一部好看的电视剧。所以故事串联法的原理和写剧本拍电视剧有相似之处。用一个词来描述故事串联法，就是“**自编自导**”。

编故事是锻炼想象力与创造力最好的方式之一，能够帮助我们开启大脑中的童话世界，让相对固化的思维得到激发。零散的信息不利于我们记忆，编故事能让信息形成整体，产生一定的意义，激发情绪感受，从而记得更牢。

编故事记忆时有以下两种思路。

第一种是把配对联想法进行叠加，比如 A 配对 B，B 配对 C，以此类推，像锁链一样，所以这种方法也叫作连锁法、锁链法或串联法。

第二种是根据信息内容，在大脑中设定一个情景，把这些信息编成一个有画面、有情节的故事。当回想起这个故事时，里面的信息可以牵一发而动全身地想起来，所以这种方法也叫情景故事法或故事联想法。

在实际运用中，串联法和情景故事法一般都是综合在一起应用的，很多时候都是怎么好记怎么来。所以，我们把运用这两种思路的方法统称为故事串联法，有时也简称故事法。

接下来就用这两种思路给大家做个分享，大家可以认真感受两种方式有何不同，以及自己对哪种思路更有感觉。

## 小试牛刀

1. 用串联法记忆下列词语，每个词语对应两个数字，连起来就是圆周率小数点后前30位。

| | | | | |
|---|---|---|---|---|
| 钥匙（14） | 鹦鹉（15） | 球儿（92） | 锣鼓（65） | 山虎（35） |
| 芭蕉（89） | 气球（79） | 扇儿（32） | 妇女（38） | 饲料（46） |
| 河流（26） | 石山（43） | 妇女（38） | 扇儿（32） | 气球（79） |

## 记忆方法

想象你的手里拿着一把钥匙逗鹦鹉；鹦鹉啄破了球儿；球儿掉在锣鼓上，并伴有咚咚咚的声音；敲锣鼓惊醒了山虎；山虎醒来肚子饿了吃芭蕉；芭蕉砸破了一个气球；气球下面挂着扇儿；你拿着扇儿给妇女扇风；妇女肚子饿了吃饲料；饲料撒进了河流里；河流旁边有一座石山；山脚下有一个妇女；妇女拿着扇儿扇气球。

可以发现，串联法就是配对联想法的叠加，一环扣一环。

尝试回忆一下每个词语吧！甚至还可以把每个词语对应的数字背出来，这样就记住了圆周率小数点后前 30 位。

2. 用情景故事法记忆下列词语，每个词语对应两个数字，连起来就是圆周率小数点后第 31~60 位。

| | | | | |
|---|---|---|---|---|
| 五环（50） | 恶霸（28） | 巴士（84） | 药酒（19） | 奇异果（71） |
| 漏斗（69） | 三角尺（39） | 旧伞（93） | 起舞（75） | 棒球（10） |
| 尾巴（58） | 香烟（20） | 旧旗（97） | 湿狗（49） | 石狮（44） |

## 记忆方法

先选一个主人公：恶霸。

想象天上掉下来一个五环套住了恶霸，他挣脱开后冲上了巴士，冲上车时被划伤了，需要擦药酒。药酒里泡的是奇异果，他把药酒倒进了漏斗里，并拿起三角尺来测量还剩多少药酒。

到站了，下车时发现外面在下雨，于是撑起了他的旧伞，走着走着，看到广场上还有很多大妈在翩翩起舞，并且都拿着棒球棍跳舞，大妈的服饰也很特别，衣服上还有尾巴。恶霸就点了一支香烟停下来观看，没有留意，不小心引燃了旁边的旧旗，旧旗下面还藏了一条湿狗，湿狗受了惊吓，跑到了石狮后面躲着。

大脑中想到情景画面，就很容易把这些词语记下来，尝试回忆一下吧。

情景故事法更讲究故事性、逻辑性，联想就会冗长一些，而串联法就比较简单，直接联想，它们各有各的好。实战记忆时，大家喜欢用哪一种就用哪一种。

## 公式

$$1+1+1+1+1+\cdots=1$$

故事串联法就是在配对联想法的基础上做了升级，把更多的信息组块成一个整体。公式左边的所有“1”都代表要记的信息，它们就像松散的队伍一样，各自独立，互相之间没有联系。“+”代表故事的联想。右边的“1”代表串联后的故事与画面，就像正规军一样，有组织、有纪律，相当于拧成了一股绳。

## 使用要点

（1）所编的故事在大脑中有画面感。

（2）故事线索简洁、有趣、有情节。

（3）如果所记信息比较多，可以分段编故事。

（4）多利用让你印象深刻的经历、电影、电视剧情节和画面。

### 应用范围

故事法适合较多信息的记忆，如一长串数字、购物清单、电话号码，以及学科上的一些零碎知识点、理科公式、英语单词、历史事件等。

## 实战应用

### 1. 记忆购物清单

白菜、牙刷、苹果、大米、指甲刀、
杯子、牛奶、书包、鞋子、垃圾袋、
葡萄、耳机、啤酒、梳子、吹风机。

如果父母让你去买这些东西，不用笔记录下来，你能全部想起吗？还是有点难，所以记忆方法就派上用场了。万能公式的第一步是简化，这里用分类的简化方式。通过观察发现，可以将能吃的分为一类，用品分为一类，然后用故事串起来。

### 记忆方法

能吃的故事串联：想象早餐吃苹果和牛奶，中午吃饭前先喝葡萄酒（葡萄、啤酒），再吃白菜和大米饭。

用品的联想记忆：每件用品联想在身体上就能记住，头发上记住梳子和吹风机；耳朵上记忆耳机；嘴巴上记忆牙刷；背上记忆书包；手上记忆指甲刀和杯子；脚上记忆鞋子和垃圾袋，一共 9 件用品，这种方法相当于将身体定位法进行了灵活运用。

有没有记住呢？回忆一下吧。以后出门买一些物品时也可以用这种方式记忆。

## 2. 记忆万有引力公式

$$F_{引} = G\frac{Mm}{r^2}$$

虽然理科的公式不用死记，主要靠理解，但有些比较长的公式理解了也不一定能记住，如果用记忆法就能很轻松地记下来。

万有引力公式中的“$G$”为引力常量，“$M$”“$m$”为两个物体的质量，“$r$”为两个物体间的距离。记忆之前，先进行图像转化，“$G$”转化为哥哥，“$Mm$”转化为妹妹，“$r^2$”转化两株小草。

**记忆方法**

联想：哥哥形影不离地守护着在草坪上玩耍的两个妹妹（形影不离、不分开代表引力）。

## 3. 记忆鲁迅的作品

| 序号 | 鲁迅小说集 | 收录的作品 |
|---|---|---|
| 1 | 《彷徨》 | 《高老夫子》《在酒楼上》《长明灯》《弟兄》《祝福》《幸福的家庭》《肥皂》《伤逝》《离婚》《示众》《孤独者》 |
| 2 | 《呐喊》 | 《孔乙己》《头发的故事》《故乡》《明天》《端午节》《一件小事》《阿 Q 正传》《社戏》《白光》《鸭的喜剧》《兔和猫》《风波》《药》《狂人日记》 |

记忆前如何简化呢？先进行排序。表格里已经根据故事情节的需要排好了顺序，排序排

得好，记忆会更牢。

## 记忆方法

《彷徨》收录的作品故事串联：高老夫子在酒楼上办婚宴，既高兴又紧张，在酒楼上走来走去（彷徨），前一天晚上点起了长明灯。当天，他的弟兄都来送上祝福，祝福他有个幸福的家庭。结婚后，因为不节约使用肥皂，被老婆打伤（伤逝）了，他闹着要离婚，并且要示众，告诉亲朋好友。离婚后，他一个人成了孤独者。

《呐喊》收录的作品故事串联：场景一，孔乙己呐喊着自己要回故乡，回去前，先理个发（头发的故事）。回到故乡后，原来明天是端午节，他想起了一件小事，就是端午节这天约了阿Q（阿Q正传）一起看社戏。

场景二，正看戏的时候，屏幕亮起了白光，先播放的是喜剧《唐老鸭》（鸭的喜剧），又播放了悲剧《兔和猫》，为什么是悲剧呢？因为兔和猫经历了一场风波，兔子被猫抓伤了，所以兔子要涂药。看完戏后，孔乙己把今天发生的事写成了日记（狂人日记）。

记忆《呐喊》的作品时为什么要分成两个场景呢？因为14部作品比较多，根据魔力之七原则，分成两个场景，更有利于记忆。

赶快尝试背诵一遍吧！

## 作者的经验分享

很多人刚接触记忆法的时候，对记忆法最直观的印象就是编故事，认为没有太多技术含量，然后不屑一顾，错失了深入了解其他记忆方法的机会。

很多记忆爱好者喜欢编一些天马行空的故事。如果是临时记忆一些信息，夸张、天马行空联想没有问题。但要长时记忆的内容，还是要尽可能符合逻辑和有情节。记忆完毕后，初期是靠图像，随着时间的推移，后期图像慢慢淡化，记住的就是故事线与逻辑线。小朋友比成人更擅长用故事法，记得又快又牢，成人的思维相对定型，所以会慢一点。

我在实战记忆中，也经常用故事法记忆各种信息，**但有一点要注意：编故事前，需要提前对信息进行分类、排序、分段。**因为我经常看到有些初学者编一大段没有情节的故事，各种天马行空都有，编太多不分段的故事，导致记不住故事本身，这样怎么能记住故事里承载的内容呢？

**让我来试试**

用故事串联法记忆高尔基的作品。

《母亲》《在人间》《童年》《海燕》《我的大学》。

参考答案

故事法：在人间的母亲，辛辛苦苦供海燕同学上学，从她童年一直供到大学。

## 第三节 记忆宫殿法

记忆宫殿法是我们学记忆法必学的一个重中之重的方法，指的是在大脑中建立一套固定有序的空间位置，把要记的信息通过联想和想象，按顺序储存在相应的位置上，从而实现快速识记、快速保存和快速提取。

在前面的内容中，我们已经反复提到过它，它有很多名称，也可以叫地点法、古罗马房间法、定桩法、挂钩法、抽屉法等。在后面的分享中，我们就称之为记忆宫殿或者地点法。可以理解为记忆宫殿是它“高大上”的名字，地点法是它的小名。

它的原理就像我们去图书馆借书，首先要做的就是找这本书在哪个区的哪个书架上。去药店拿药的时候，医生能快速知道什么药在什么位置，就是进行了分类放置，所以可以快速找到。

为了加深印象，我给它取个名字，叫作“**万能收纳神器**”，什么信息都可以收纳在其中。按照我们一贯的思路：“先体验后买单”，一起来体验一下怎么运用它吧！

## 小试牛刀

记忆下列词语。

五角星（59） 恶僧（23） 锄头（07） 白蚁（81） 柳丝（64） 手枪（06）
恶霸（28） 牛儿（62） 溜冰鞋（08） 玫瑰（99） 八路（86） 恶霸（28）
三脚凳（03） 石板（48） 二胡（25） 绅士（34） 鳄鱼（21） 仪器（17）
手枪（06） 气球（79）

首先，根据内容的数量准备好记忆宫殿。以上20个词语，需要记忆宫殿里的10个地点（定位桩）来承载，每个地点上记忆两个词语。如下图所示，这10个地点分别是：墙、窗、门、标语、时钟、黑板、讲台、屏幕、窗帘、桌子。我们自己记忆时，最好用自己亲身经历过的地方。这里为了方便讲解，所以用图片示范。

## 记忆方法

**地点 1：墙——五角星、恶僧**

联想：五角星扎在了恶僧的光头上，恶僧疼得撞墙。

**地点 2：窗——锄头、白蚁**

联想：锄头锄碎了窗户上的玻璃，外面的白蚁立即爬进了教室。

**地点 3：门——柳丝、手枪**

联想：柳丝从门缝伸进来缠住了手枪，居然还扣动了扳机，就像西游记里的树妖一样。

**地点 4：标语——恶霸、牛儿**

联想：恶霸太矮了，骑着牛儿才能写上面的标语。

**地点 5：时钟——溜冰鞋、玫瑰**

联想：时钟一响，下课了，同学们都穿着溜冰鞋迅速滑出去看玫瑰花。

**地点 6：黑板——八路、恶霸**

联想：同学们在黑板上画了一位八路降伏了恶霸的画面，恶霸再也不敢作恶了。

**地点 7：讲台——三脚凳、石板**

联想：老师在讲台上，坐在三脚凳上给我们讲课，我们都看不到老师的头，所以三脚凳下面要垫石板。

**地点 8：屏幕——二胡、绅士**

联想：屏幕上播放着二胡拉的《二泉映月》，绅士听得入神。

**地点 9：窗帘——鳄鱼、仪器**

联想：窗帘后面藏着鳄鱼，把老师做实验的仪器咬碎了。当然，鳄鱼的嘴也受伤了。

**地点 10：桌子——手枪、气球**

联想：同学拿着玩具手枪，把桌子里面的气球全打爆了，一枪一个准儿。

尝试回忆一遍吧！还有一个赠送的额外奖励，记住词语后，把每个词语还原成两个数字，这样就记住了圆周率小数点后第 61~100 位。加上前面的 60 位，我们已经把 100 位全部记下来了。背圆周率不是我们的目标，而是通过圆周率的记忆来掌握方法。

## 公式

$$1+1+1+\cdots=1$$

这个公式为何如此特别呢？它与配对联想法、故事法的公式有何不同？其实就是多了一个背景“地球”，也就是多了一个定位的场景。

比如“小试牛刀”中的 20 个词语就可以理解为公式左边所有的“1”，10 个地点就是背景“地球”。联想后就成了公式右边的“1”和背景“地球”形成的整体。

假如去掉这个背景“地球”，那就是“1+1+1+…=1”。就相当于我们刚记过的“墙——

五角星、恶僧”不用定位到墙上，而是直接联想五角星扎到了恶僧的头，没有具体的定位，就成了故事法了。

## 应用范围

记忆大量信息最快的方法就是用记忆宫殿法，只要经过专业训练，万物皆可快速记。它常用于各类记忆展示、电视上的各种记忆挑战项目、比赛、背书、背文章、背各类知识点等。

## 如何打造记忆宫殿

提前积累好记忆宫殿，就像提前准备好了空硬盘，想装文件随时都能装。我们用得最多的记忆宫殿就是从建筑物里面选取的，如何打造呢？一起来看看吧。

### 1. 规则

（1）熟悉。首选自己或亲戚朋友家、学校、公司、常走的路线等。一般我们去过几次的地方印象就会比较深刻，这些地方也可以利用起来。

（2）特征。有特点的物体肯定是首选，同一个空间内的地点尽量不重复，做到易区分，比如同一个空间内，选了凳子，就尽量不要再选凳子。把握一个原则，就是物体在大脑里不会混淆。

（3）顺序。在一个空间内，按照顺时针、逆时针或者连贯的路线来选地点。避免几个地点在一条直线上，如一条街的很多铺子，就容易混淆前后顺序。

（4）适中。选的地点大小适中，太小容易被忽略，如一支笔的大小；太大就会过于浪费，如一栋房子为一个地点。地点与地点之间的距离也要适中，太近容易混淆，太远连贯性不强。此外，明暗、观看地点的角度和距离也要适中。

（5）固定。选的地点尽量是不经常移动的物体，比如房子、台阶、桌子、电视等。随时移动的物体不容易记住具体位置，一般不选为地点，比如行人、小狗等。

（6）分小组。分类、分小组是很多人容易忽略的一个步骤。根据魔力之七原则，我们尽可能以 5 个地点为一个小节，如厨房里找 5 个，厕所里找 5 个，卧室里找 5 个，客厅里找 15 个，全部连起来就是 30 个地点为一组。初学时，可以找 10 个地点为一组。

在室内和室外选的地点有所不同，室内比较紧凑，每个地点的间距可在一米左右。室外比较空旷，选的地点可以大一些，距离远一些，间距四五米以上都可以。

下面在室内和室外两幅图中各选 10 个地点给大家作参考。

## 2. 如何积累大量地点

### （1）竞技记忆的记忆宫殿

很多人刚开始找地点时，不知道从何下手，下面我就把珍藏多年的记忆宫殿分享给大家作参考。以前比赛时积累了近 100 组地点，每组 30 个，下面是其中一部分。大家可以认真观察我的分类方式以及具体地点。

| 1家1 | A学校寝室1 | ①医院大厅1 | w公司大厅1 |
|---|---|---|---|
| 1家外面2 | A学校寝室外2 | ①医院大厅2 | w公司课室2 |
| 1家外面3 | A学校寝室外3 | ①诊所3 | w公司楼下3 |
| 1家外面4 | A学校寝室外4 | ①诊所4 | w公司外4 |
| 2外婆家1 | B学校食堂1 | ②武打印店1 | x出差佛山1 |
| 2外婆家2 | B学校食堂2 | ②武食堂2 | x出差佛山2 |
| 2外婆家外3 | B学校食堂外3 | ②武食堂3 | x出差深圳3 |
| 2外婆家外4 | B学校食堂小卖部4 | ②武小卖部4 | x出差深圳4 |
| 3大姐家1 | C学校图书馆1 | ③武教室1 | y活动中心1 |
| 3大姐家2 | C学校图书馆2 | ③武教学楼2 | y活动中心2 |
| 3二姐家3 | C学校图书馆二楼3 | ③武教学楼3 | y科技馆3 |
| 3二姐家4 | C学校图书馆五楼4 | ③武教学楼外4 | y科技馆4 |
| 4村子池塘1 | D学校实验室1 | ④动物园1 | z健身1 |
| 4村子邻居家2 | D学校实验室2 | ④动物园2 | z健身2 |
| 4村子邻居家3 | D学校实验室外3 | ④游乐园3 | z咖啡店3 |
| 4村子邻居家4 | D学校实验室外公园4 | ④游乐园4 | z书店4 |

每个文件夹里面都包括 30 张照片和 1 个全景视频，并依次命名。比赛时，为了达到最好的记忆效果，1 个地点就拍了一张照片。如果嫌拍照麻烦，也可以把 5~10 个地点拍在一张照片中。

用于竞技记忆的地点，一定要亲自去现场拍照记录，并认真感受整个空间布局。回去再用计算机整理归类，保存好后基本上一辈子都可以用。如果后面不用这些地点，它们在大脑中就会变得模糊。不过再拿出照片和视频看看，清晰的感觉又回来了，就像又去了一次现场一样。

大部分人不需要比赛，将地点用于平时的训练、展示、教学等，一般积累 5~10 组（每组 30 个）就足够了。

**（2）实用记忆的记忆宫殿**

实用记忆的地点不需要拍照，因为不追求速度，对地点的要求就没有那么高。一般背一本书时才会用到大量连贯的地点。比如我背书用到的地点有：我们的村子，亲戚朋友的村子，去镇上的路线，小学、初中、高中、大学校园等。我对这些地方的印象深刻，哪怕没有照片，基本上也一辈子都不会忘记。

用这些地点背诵书籍的过程中，不用提前积累地点，可以一边背诵，一边在大脑中寻找地点。我将在“08 如何记住一本书”中分享书籍背诵的方法。除了背书，记忆各类知识点一般不需要用到大量连贯的地点。所以，实用记忆的地点无须刻意准备太多。

### 记忆宫殿的使用要点

（1）根据所记的内容数量，确定好需要用到多少个地点。

（2）按照万能公式“简联熟”的步骤，先把要记的信息分类或分小段，起到简化的作用，这一步很容易被忽略，要牢记！

（3）先理解所记内容的意思，再和地点进行联想。（有些内容无须理解，如数字。）

（4）及时复习，形成条件反射才是牢固的记忆。

## 实战应用

### 1. 百家姓前 40 位

赵钱孙李，周吴郑王。冯陈褚卫，蒋沈韩杨。朱秦尤许，何吕施张。
孔曹严华，金魏陶姜。戚谢邹喻，柏水窦章。

百家姓中每个姓氏都是独立的，不像文言文那样需要联系上下文进行理解，所以可以进

行任意的谐音转化，转化是“简联熟”的第一步。

第二步，联想到熟悉的地点上。用下图来做定位讲解，假如你去过图片上的这个地方，那就再好不过了。如果没有去过，就仔细盯着图片欣赏 10 秒钟，观察空间布局，让它迅速变为你熟悉的定位地点。我在图上选好了 5 个地点来做联想示范。

**记忆方法**

**地点 1：赵钱孙李，周吴郑王**

联想：古代打仗时，赵、钱、孙、李四位将士在城墙上奋力抵抗，哪怕周五那天阵亡（周吴郑王），也要守护百姓的安全。

关键记忆点：赵钱孙李，周五阵亡。

**地点 2：冯陈褚卫，蒋沈韩杨**

联想：这个房子里的厨卫被风吹了很多灰尘（风尘厨卫→冯陈褚卫），皇上问：“谁打开窗户吹进了沙尘的？”“报告：韩杨。”皇上：“我将要审犯人韩杨（将审韩杨→蒋沈韩杨）。”

关键记忆点：风尘厨卫，将审韩杨。

**地点 3：朱秦尤许，何吕施张**

联想：桥洞下有许多小猪，一群又一群（猪群有许→朱秦尤许），在河里施展游泳的本领，张开双臂使劲游（河里施张→何吕施张）。

关键记忆点：猪群有许，河里施张。

**地点 4：孔曹严华，金魏陶姜**

联想：栏杆中间有孔槽，孔槽上面晒的食盐融化了（孔槽盐化→孔曹严华）。再晾晒味精（倒字法：金魏），打开味精包装袋，居然从里面掏出一块生姜（味精掏姜→金魏陶姜）。

关键记忆点：孔槽盐化，味精掏姜。

**地点 5：戚谢邹喻，柏水窦章**

联想：在水里游泳的周瑜被诸葛亮气得吐血（气血周瑜→戚谢邹喻），周瑜跳到水里后白色的水都涨起来了（白水都涨→柏水窦章）。

关键记忆点：气血周瑜，白水都涨。

基本上一两遍就可以记下来。尝试回忆一遍吧！

用文字表述看起来比较复杂，其实在大脑中想象画面就是一瞬间的事。记忆的前期需要谐音来辅助记忆。复习几次读顺口后，回忆的就是原文。也不用担心写错字的情况，复习时多把注意力集中在原文的内容上，谐音只是回忆的线索。

记忆百家姓不要一个地点记一个字，第一，浪费地点；第二，我们背诵时都是一句一句地背，一个地点记一个字分割得太散，组块太小，不利于最后脱口而出。

## 2. 古诗记忆

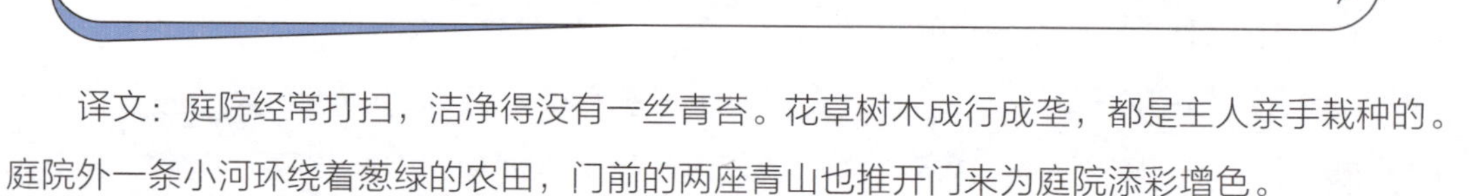

**书湖阴先生壁**

【宋】王安石

茅檐长扫净无苔，花木成畦手自栽。

一水护田将绿绕，两山排闼送青来。

译文：庭院经常打扫，洁净得没有一丝青苔。花草树木成行成垄，都是主人亲手栽种的。庭院外一条小河环绕着葱绿的农田，门前的两座青山也推开门来为庭院添彩增色。

用记忆宫殿记古诗要注意：尽可能找和古诗的意思相近的地点，因为每首古诗都有其意境和画面感，找的地点越符合古诗的本意，就越有助于我们理解。**记忆和理解能同时进行，无缝衔接，是实用记忆法最理想的结果。**

比如我感觉这首诗的意境和我们村的画面感有些相似，于是就在村里找了 4 个地点来记忆这首古诗。

## 记忆方法

**地点 1：房屋——茅檐长扫净无苔**

联想：我想象王安石来到这户人家作的这首诗，而且我想象这户人家就是湖阴先生家。这户人家的茅屋檐经常打扫，很干净，没有长青苔。这样就记住了茅檐长扫净无苔。

**地点 2：花草树木——花木成畦（qí）手自栽**

联想：我想象这些花草树木都是这户人家亲手栽种的，而且种得整整齐齐。

**地点 3：水——一水护田将绿绕**

联想：农田旁边有一条小河，将绿油油的农田围绕着。其实这里无须联想，意境已经能和地点匹配上了。

**地点 4：山——两山排闼送青来**

联想：排闼是推开门的意思。我想象这里有两座山，推开门，山上的青色就映入了我的眼帘。

尝试顺背、倒背一遍吧！有没有发现，每一句刚好能和地点的画面匹配上？因为我在选地点的时候，已经考虑到记忆宫殿的整体和局部地点是否能匹配上这首诗。

大家不用担心找不到这样的画面，我们去过那么多的地方，总会有能匹配上的地方。如果实在没有，还可以用绘图记忆法、配图定位法记古诗，在“04 巧记语文知识”的诗词部分会详细分享。

## 作者的经验分享

记忆大师非常擅长用记忆宫殿。最近几年，随着各种比赛和记忆类电视节目的兴起，有越来越多的人愿意参与高强度的训练，然后去比赛、挑战。可以说记忆大师们已经把记忆宫殿的效果发挥到了极致，而且方法还在不断地升级和优化。

运用记忆宫殿可以把看似不可能记住的大量信息都记下来，比如十几秒钟记住一副洗乱的扑克牌，三四天背下一本《道德经》等。它的原理在于把长信息进行分割，起到化繁为简的作用，让所记信息有顺序、有规律地放置在记忆宫殿中，通过图像联想建立起牢固的回忆提取线索，也就是“简联熟”的原理。

我时常会参加比赛，也一直把记忆方法用在生活中，能切身感受到记忆宫殿带来的益处。但为什么有人觉得记忆宫殿的效果一般呢？我觉得就是难在灵活运用，不能灵活运用就发挥不出记忆宫殿的最大价值。因为信息的种类太多，记忆不同类别的信息需要用不同的技巧处理。

我通过不断运用，总结了记忆宫殿在竞技记忆和实用记忆运用上的区别，供大家参考。

| 对比项 | 竞技记忆 | 实用记忆 |
|---|---|---|
| 特点 | 一般不需要理解所记内容的意思 | 一般需要理解所记内容的意思 |
| 一个地点承载信息的数量 | 2 个（如香蕉和电脑） | 2~7 个组块（如“人之初，性本善。性相近，习相远”） |
| 地点和所记内容的关系 | 不需要有任何联系（如“小试牛刀”的 20 个词语和地点） | 尽可能有联系（如记《书湖阴先生壁》和所用的地点） |
| 在地点上联想 | 图像为主 | 逻辑、理解为主，图像为辅 |
| 一组地点重复利用的次数 | 1~2 次 / 天 | 同样的地点上记的信息最好不超过两种 |
| 地点上的信息是否需要长时记忆 | 否 | 一般情况下是 |
| 对地点的质量要求 | 高 | 不高 |
| 随着时间的推移，地点上信息的变化 | 几天后，图像逐渐模糊，直到消失或被覆盖 | 随着不断复习，地点上的图像会比较牢固，然后慢慢地“脱桩”，直到回忆内容时不需要借助地点 |

记忆宫殿在竞技记忆和实用记忆上的运用就有如此差别，而实用记忆又分为很多种类型，竞技记忆也分为多种项目。所以，要想学好记忆法，我们要先学通用方法，然后针对不同的信息类别，用不同的技巧处理。当运用的方法多了以后，自然会融会贯通。

### 让我来试试

大家先在家里找 10 个地点，在每个地点上联想记忆两个词语。挑战只用一遍记住下面的 20 个随机词语，记住后可以尝试倒背哦！

香蕉、桌子、台灯、电脑、酸奶、手势、黑板、诗词、花生、书包、衣服、开心、考试、买菜、喜欢、知识、漫画、恐龙、分享、拍照。

## 第四节　数字密码法

在记忆法的课堂中，大部分老师都会教数字的记忆，很多学生家长都有一个问题：学数字有什么用呢？又不能提高学习成绩。

如果不学数字的记忆会怎样呢？就像一桌丰盛的大餐，每道菜都少放了盐；学绝世武功，不先学扎马步一样。

为什么要训练数字记忆呢？

（1）数字记忆是记忆法的基本功，能锻炼我们的联想、想象能力。

（2）数字记忆是记忆水平的一种量化方式和外化方式。

（3）数字可以随机打乱无数次，让我们有无限的记忆训练素材。

（4）数字记忆是世界记忆锦标赛的比赛项目，全世界通用。

（5）随时随地可以现场做记忆展示，有利于记忆法的传播与分享。

（6）很多项目的记忆都需要以数字为基础，比如扑克牌、二进制数字、抽象图形、书籍背诵等。

（7）学科上的各类数据、历史年代的记忆、化学里的化合价等都离不开数字。

（8）便于在工作、生活中记忆各类数据、电话号码、密码、取件码、价格等。

资源提取码：asd123

（9）自带排序功能，这是文字、字母不能比拟的。

所以，学记忆法不学数字的记忆就不算学过完整的记忆法。

## 一、数字编码

数字编码一般指的是 00~99 和 0~9 这 110 组数字各自对应的图像。将数字转化为图像的方式有以下三种，简称“音形义”。

（1）谐音：如 13 转化为医生，68 转化为喇叭。

（2）形状：如 8 转化为葫芦，66 转化为蝌蚪。

（3）含义：如 61 转化为儿童（六一儿童节），20 转化为香烟（一般一盒 20 根）。

### 1. 数字编码表

| 数字 | 编码 | 数字 | 编码 | 数字 | 编码 | 数字 | 编码 |
|---|---|---|---|---|---|---|---|
| 0 | 鸡蛋 | 13 | 医生 | 26 | 河流 | 39 | 三角尺 |
| 1 | 树 | 14 | 钥匙 | 27 | 耳机 | 40 | 司令（帽子） |
| 2 | 鸭子 | 15 | 鹦鹉 | 28 | 恶霸 | 41 | 司仪（话筒） |
| 3 | 耳朵 | 16 | 石榴 | 29 | 恶囚 | 42 | 柿儿 |
| 4 | 帆船 | 17 | 仪器（玻璃瓶） | 30 | 三轮车 | 43 | 石山 |
| 5 | 钩子 | 18 | 要发（钱） | 31 | 鲨鱼 | 44 | 石狮 |
| 6 | 勺子 | 19 | 药酒 | 32 | 扇儿 | 45 | 师傅 |
| 7 | 拐杖 | 20 | 香烟（20 根） | 33 | 钻石（闪闪） | 46 | 饲料 |
| 8 | 葫芦 | 21 | 鳄鱼 | 34 | 绅士 | 47 | 司机（方向盘） |
| 9 | 哨子 | 22 | 双胞胎 | 35 | 山虎 | 48 | 石板 |
| 10 | 棒球 | 23 | 恶僧 | 36 | 山鹿 | 49 | 湿狗 |
| 11 | 筷子 | 24 | 闹钟（24 小时） | 37 | 山鸡 | 50 | （奥运）五环 |
| 12 | 婴儿 | 25 | 二胡 | 38 | 妇女（妇女节） | 51 | 铲子（劳动节） |

续表

| 数字 | 编码 | 数字 | 编码 | 数字 | 编码 | 数字 | 编码 |
|---|---|---|---|---|---|---|---|
| 52 | 斧儿 | 67 | 油漆 | 82 | 靶儿 | 97 | 旧旗 |
| 53 | 火山 | 68 | 喇叭 | 83 | 花生（形状） | 98 | 球拍 |
| 54 | 武士 | 69 | 漏斗 | 84 | 巴士 | 99 | 玫瑰 |
| 55 | 火车（呜呜声） | 70 | 冰淇淋 | 85 | 宝物 | 00 | 望远镜 |
| 56 | 蜗牛 | 71 | 奇异果 | 86 | 八路 | 01 | 灵药（灵芝） |
| 57 | 武器（坦克） | 72 | 企鹅 | 87 | 白棋 | 02 | 铃儿 |
| 58 | （松鼠）尾巴 | 73 | 花旗参 | 88 | 爸爸 | 03 | 三脚凳 |
| 59 | 五角星 | 74 | 骑士 | 89 | 芭蕉 | 04 | 轿车 |
| 60 | 榴莲 | 75 | 起舞 | 90 | 酒瓶 | 05 | 手套 |
| 61 | 儿童 | 76 | 气流（飞机） | 91 | 球衣 | 06 | 手枪（6发子弹） |
| 62 | 牛儿 | 77 | 机器人 | 92 | 球儿（足球） | 07 | 锄头 |
| 63 | 刘三姐 | 78 | 青蛙 | 93 | 旧伞 | 08 | 溜冰鞋 |
| 64 | 柳丝 | 79 | 气球 | 94 | 首饰 | 09 | 猫（9条命） |
| 65 | 锣鼓 | 80 | 巴黎铁塔 | 95 | 酒壶 | — | — |
| 66 | 蝌蚪 | 81 | 白蚁 | 96 | 旧炉 | — | — |

这是数字编码的文字版，图像版详见附录。数字编码需要做到烂熟于心，看到数字时，大脑中就能反应出图像，比如看到68，大脑中能条件反射出喇叭的具体图像，注意，不是反应“喇叭”的文字。

2. 三位数编码

三位数编码简称三位编码，即把000~999的每组数字都找到对应的图像，共1000个图像。

国外很多记忆选手用三位编码，中国也有部分选手用三位编码比赛。但对于大部分不需要比赛的人来说，则不用刻意准备三位编码。需要用到时，再临时积累一些即可。

如果要背诵几百页的书籍，想要做到任意抽背，三位编码就必不可少了。例如，我背《新华字典》时，就用到了几百个三位编码。假如抽到119（灭火器）页，我立刻就想到灭火器所在的那个场景，从而回忆出所记内容。

三位编码的常用转化方式有谐音、含义和在两位编码的基础上延伸。下面是部分参考，剩余的编码也可以按照类似方式自行定义。

| 数字 | 图像编码 | 转化方式 |
| --- | --- | --- |
| 120 | 救护车、担架 | 含义 |
| 256 | U 盘（256GB） | 含义 |
| 512 | 硬盘（512GB） | 含义 |
| 123 | 领奖台、奖杯（1、2、3 名） | 含义 |
| 312 | 铁铲、小树（植树节） | 含义 |
| 801 | 军人（建军节） | 含义 |
| 910 | 教鞭、黑板擦、老师（教师节） | 含义 |
| 414 | 试一试（举手） | 谐音 |
| 520 | 我爱你（玫瑰、桃心） | 谐音 |
| 618 | 留一把（手心） | 谐音 |
| 857 | 打火机 | 谐音 |
| 669 | 悠悠球 | 谐音 |
| 190 | 一箱酒（90 酒瓶） | 两位编码延伸 |
| 290 | 酒杯 | 两位编码延伸 |
| 390 | 酒水 | 两位编码延伸 |
| 490 | 醉汉 | 两位编码延伸 |
| 590 | 酒瓶盖 | 两位编码延伸 |
| 690 | 舀酒的勺子 | 两位编码延伸 |

在两位编码的基础上延伸是一种比较省时省力的编码方式，比如 90 是酒瓶，290 联想到 2 个酒杯；390 为什么是酒水呢？联想到洒了一地的酒水，洒和 3 读音相近，有一定的联系；690 是舀酒的勺子，因为 6 的形状有点像勺子。总之，只要你愿意找，一定能找到很多和两位编码图像相近的物品。

## 二、数字类信息的记忆

（1）朱元璋建立明朝的年份是（　　）。

A. 1368 年　　B. 1328 年　　C. 1398 年

明太祖朱元璋（1328—1398 年），洪武元年（1368 年）即位于应天府，国号大明，年号洪武。正确答案是：A。

### 记忆方法

联想：朱元璋拿着喇叭（68）大喊一声（13），大明明天成立啦！这里不用担心颠倒问题，因为不可能是 6813 年。把记忆的重点放在拿着喇叭（68）上，哪怕忘记了“13”，也可以大致推断出来，**所以联想的故事或者画面里也有重点与非重点之分。**

（2）地球的平均半径约是（　　）千米。

A. 6379　　B. 6371　　C. 6397

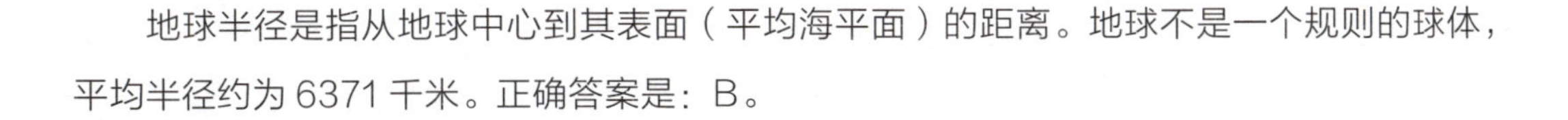

地球半径是指从地球中心到其表面（平均海平面）的距离。地球不是一个规则的球体，平均半径约为 6371 千米。正确答案是：B。

**记忆方法**

联想：刘三姐（63）站在地球上吃奇异果（71）。

（3）记忆朋友小李的相关信息：

生日是 9 月 13 日，电话号码是 16743781526。

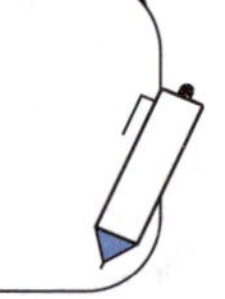

**记忆方法**

生日这样记忆可以吗？“小李生日时喜欢请医生（13）喝酒（9）”，这样也可以，但不是最好的。大家觉得“9 月”转化为“哨子”“酒”“放完暑假刚开学”，哪个更好呢？其实转化为“放完暑假刚开学”更好，这里就涉及心理表征的问题，通常放完暑假即 9 月是我们的正常认知。而“9”和“酒”只是发音上的匹配，并不是意义上的匹配。

因此，如果联想为“小李生日时喜欢请医生（13）喝酒（9）”，真到了 9 月份，你不一定能想起他过生日，因为没有创建“9 月——小李过生日”这个心理表征，只是创建了一个“小李请医生喝酒”的故事或者回忆线索。

而如果联想为“每次放完暑假，小李过生日大吃大喝后都要去看医生（13）”，那么到了 9 月，就比较容易想起小李最近要过生日。

小李的虚拟电话号码按照编故事的方法记忆即可。

联想：身上沾满油漆（67）的小李踩到了石山（43）上的青蛙（78），上山后看到鹦鹉（15）在河流（26）旁喝水。

虽然现在电话号码都存在手机上，但有时还是需要记住电话号码。比如我自己时常会遇到这种情况，正在打电话的时候，对方让记一个电话号码，这时我就会很自信地说："你直接说吧，我可以记住。"还有很多类似的情况，所以能多一项技能，在不经意的时候总会派上用场。

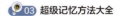

### 让我来试试

先用手遮住参考联想，把下面的题目和答案的内容进行配对联想。

| 序号 | 题目 | 答案 | 参考联想 |
| --- | --- | --- | --- |
| 1 | 正常成年人身上一共有多少块骨头？ | 206 块 | 抗战时期，战士用两把手枪（206）击退了敌人，每发子弹都打到了敌人的骨头上 |
| 2 | 月球与地球之间的平均距离是？ | 38.4 万千米 | 妇女（38）在月球上租房子住，每个月租金 0.4 万元，你觉得贵吗 |
| 3 | 国际左撇子日是？ | 8 月 13 日 | 医院有 8 位医生（13）习惯用左手开药方 |
| 4 | 唐朝的建立时间是？ | 618 年 | 留一把（618）糖（唐）吃 |

## 三、数字定位法

数字定位法和记忆宫殿法的原理、用法一样，数字编码就相当于地点，用来承载信息。数字本身自带排序功能，谁和数字进行"绑定"，谁就可以从无序变得有序。

### 小试牛刀

有个段子是这样的。

老师对小明说："你要努力学习，考了第一名别人才能记住你。很简单的道理，你知道世界第一高峰吗？"

小明："知道啊！珠穆朗玛峰。"

老师："那第二高峰呢？不知道了吧，所以……"

小明："乔戈里峰啊！"

老师："噢……有两把'刷子'，那第七高峰呢？"

小明："道拉吉里峰啊！老师，你到底要表达什么意思啊？"

老师："……"

学了记忆法，你也可以像小明一样应答如流。我们一起来看看世界前七大高峰如何记忆吧！除乔戈里峰外，其余山峰均属于喜马拉雅山脉。

| 山峰 | 高度排名 | 数字编码 | 灵活编码 | 联想 |
|---|---|---|---|---|
| 珠穆朗玛峰 | 1 | 树 | — | 无须联想 |
| 乔戈里峰 | 2 | 鸭子 | 两块 | 鸭子吃了两块巧克力（乔戈里） |
| 干城章嘉峰 | 3 | 耳朵 | 张三丰 | 干旱城堡里打太极的张三丰（章嘉峰） |
| 洛子峰 | 4 | 帆船 | 死 | 下了一步死棋，但我落子（洛子）不悔 |
| 马卡鲁峰 | 5 | 钩子 | — | 马吃草被卡到了，发怒（鲁）。用钩子把异物勾出来 |
| 卓奥友峰 | 6 | 勺子 | 666 | 小孩在桌子上遨游，玩得"666" |
| 道拉吉里峰 | 7 | 拐杖 | — | 把断了的拐杖倒垃圾里（道拉吉里）了 |

学记忆法初期，建议按照固定的数字编码来联想。有一定基础后，就可以把数字进行灵活转化。如"4"可以转化为帆船、死、丝、寺等，联想时怎么好记怎么转化。灵活运用其实也更符合莱斯托夫效应，如果"4—帆船"上联想了太多信息，记忆效果就会打折扣，而"丝""寺"帮着分担承载一些信息会更好。

## 公式

A + 树 =1;　　B + 鸭子 =1;　　C + 耳朵 =1;

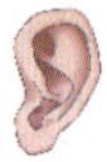

**以此类推。**

A、B、C分别代表所记的信息，加号后面的图像分别是数字1、2、3的图像编码，右边的“1”代表联想后的故事与画面。

### 使用要点

（1）记牢数字编码。

（2）在好记的前提下，数字可以灵活转化。

（3）按照“简联熟”的步骤，先简化信息，再联想到数字编码上。

### 应用范围

数字定位法常用于简答题、条目信息、长篇文章、书籍背诵、公交站名以及各类需要排序的知识点的记忆。

## 实战应用

### 1. 记忆新版中小学生守则（2015年修订版）

1. **爱党爱国爱人民**。了解党史国情，珍视国家荣誉，热爱祖国，热爱人民，热爱中国共产党。

2. **好学多问肯钻研**。上课专心听讲，积极发表见解，乐于科学探索，养成阅读习惯。

3. **勤劳笃行乐奉献**。自己事自己做，主动分担家务，参与劳动实践，热心志愿服务。

4. **明礼守法讲美德**。遵守国法校纪，自觉礼让排队，保持公共卫生，爱护公共财物。

5. **孝亲尊师善待人**。孝父母敬师长，爱集体助同学，虚心接受批评，学会合作共处。

6. **诚实守信有担当**。保持言行一致，不说谎不作弊，借东西及时还，做到知错就改。

7. **自强自律健身心**。坚持锻炼身体，乐观开朗向上，不吸烟不喝酒，文明绿色上网。

8. **珍爱生命保安全**。红灯停绿灯行，防溺水不玩火，会自护懂求救，坚决远离毒品。

9. **勤俭节约护家园**。不比吃喝穿戴，爱惜花草树木，节粮节水节电，低碳环保生活。

我们用数字定位法记住每条前面的概括内容，挑战只用一遍记下来。

## 记忆方法

### 第 1 条：爱党爱国爱人民。

理解记忆，顺序分别是党、国、人民。

### 第 2 条：好学多问肯钻研。

联想：2 转化为鸭子。这只小鸭子在看书，它的眼镜代表好学；学习过程中嘴巴会提一些问题，代表多问；认真看书代表肯钻研。从上往下记忆的内容就是：眼镜——好学；嘴巴——多问；书——肯钻研。

### 第 3 条：勤劳笃行乐奉献。

联想：3 转化为耳朵。这位勤劳的人手拿铲子不停地干活，手上的行动非常迅速，代表笃行。累了，歇一会儿，耳朵正听着《爱的奉献》这首歌，代表乐奉献。从下往上记忆的内容就是：铲子——勤劳；手——笃行；耳朵——乐奉献。

**第 4 条：明礼守法讲美德。**

联想：4 转化为帆船。这位海军哥哥在敬礼，联想到明礼。帆船按照指定的航线行驶，不偏离航线，代表守法。右边有美丽的风景，由“美”字联想到讲美德。所以从左往右记忆的内容就是：海军哥哥——明礼；帆船——守法；美丽的风景——讲美德。

**第 5 条：孝亲尊师善待人。**

联想：5 可以联想到孙悟（5）空，因为孙悟空是从石头缝里蹦出来的，他对石头很孝顺，代表孝亲。唐僧是他的师父，他尊敬师父。悟空也对小猴子非常友善，代表善待人。所以从石头开始按顺时针方向分别记住孝亲、尊师、善待人。

**第 6 条：诚实守信有担当。**

联想：6 转化为勺子。邮递员从不偷看别人的信并准时寄送，代表诚实守信。用勺子取信的过程中弄丢了信，他自己承担责任，代表有担当。所以记忆的内容就是：邮递员——诚实守信；勺子——有担当。

**第 7 条：自强自律健身心。**

联想：7 像拐杖。这位同学虽然受了伤拄着拐杖，但还是非常自律地坚持锻炼，手臂上有强壮的肌肉，记住自强自律。除了四肢发达，身心也要健康才行，即健身心。

**第 8 条：珍爱生命保安全。**

联想：8 像葫芦。我们都知道珍爱生命，远离毒品。这位同学用安全帽挡住葫芦里的毒品，就记住了保安全。所以从左往右记住的就是：同学——珍爱生命；安全帽——保安全。

第 9 条：勤俭节约护家园。

联想：9 可以转化为酒，这位同学勤工俭学，捡废弃的酒瓶，代表勤俭节约。捡完后他的家园更加干净，保护了他的家园。所以从前到后记住的就是：捡酒瓶——勤俭节约；房屋——护家园。

乍一看，这几幅图没什么特别。其实，每幅图里都包含了数字编码、承载记忆内容的点、一定的记忆顺序，图的整体意思基本符合每条守则的意思，如果不仔细去想，一般看不出这里用的技巧。

接下来把这 9 条守则顺背、倒背一遍吧！

### 2. 记忆北美五大湖及其大小的顺序

北美五大湖按照面积从大到小分别是：苏必利尔湖、休伦湖、密歇根湖、伊利湖和安大略湖。这类需要排序的信息就适合用数字定位法记忆，接下来给大家分享数字定位的灵活运用技巧。

**记忆方法**

（1）苏必利尔湖

联想：苏轼和李白在比谁的耳朵大，结果是“苏”比“李”耳大，取得了大耳朵的冠军。冠军代表第一，所以记住最大的湖是苏必利尔湖。

（2）休伦湖

联想：汽车一侧的两个轮胎都坏了，需要修理，简称“修轮”。修了两个轮胎，记住第二大湖是休伦湖。

（3）密歇根湖

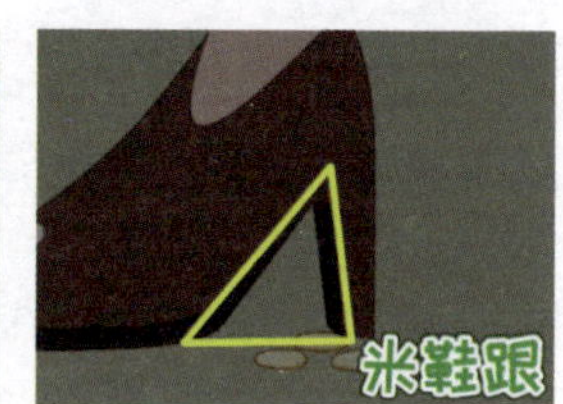


联想：鞋跟踩到三粒米，差点摔倒，简称“米鞋跟”，而且高跟鞋的形状也像三角形，记住第三大湖是密歇根湖。

（4）伊利湖

联想：伊利牛奶盒子的一个面是长方形，四条边。记住伊利湖是第四大湖。

（5）安大略湖

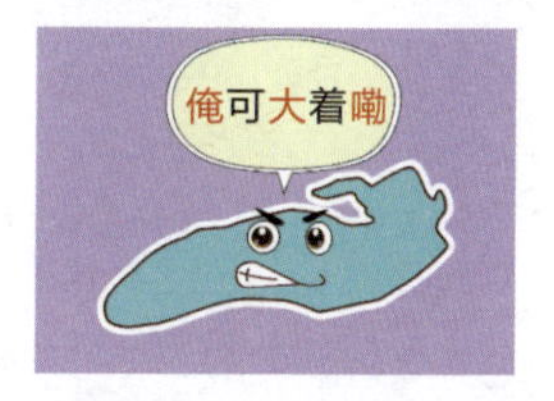


联想：虽然它是最小的，但它不服气地说：“俺可大着嘞”，简称“俺大嘞”，谐音后就是安大略湖。由它说话的语气可以记住它是五大湖中最小的湖，不用再和5的编码联结。

是不是比死记硬背快多了呢？恭喜你，不但记住了湖的名字，顺序也记住了。你可能会想，这么灵活的数字编码联想，我怎么能想到呢？还是那句话，初期就用固定的数字编码，熟练后，慢慢地尝试灵活运用。

**作者的经验分享**

我以前备考记简答题时，假如简答题有十条内容，我就会把内容和数字编码进行联想。考试时，就能一条不漏地答出。上台讲话时，假如要讲六条内容，我会提前联想，这样说出的话就有条理。而且经常把此方法运用在诸如此类的信息上，提高了效率。

大家可能有个疑问，重复使用数字定位法，记太多信息会不会混淆呢？一般不会。比如用数字7记了狮子座，再记三十六计中的第七计无中生有，然后记世界第七高峰道拉吉里峰，这三个信息属于不同类别，相互之间没有太大干扰。

## 让我来试试

### 1. 记忆三十六计的前十计

先用手遮住参考联想，用自己的联想方式挑战只用一遍记下来。

| 序号 | 编码 | 计谋 | 参考联想 |
|---|---|---|---|
| 1 | 树 | 瞒天过海 | 树从海底穿过，瞒着天，穿过了大海 |
| 2 | 鸭子 | 围魏救赵 | 鸭子张开翅膀围着魏国救赵国 |
| 3 | 耳朵 | 借刀杀人 | 像孙悟空一样，从耳朵里借出一把刀杀坏人 |
| 4 | 帆船 | 以逸待劳 | 参考 1：坐帆船出海，有一亿条鱼等待被打捞。<br>参考 2：参加帆船比赛，对手手忙脚乱地演练，我在旁边以逸待劳 |
| 5 | 钩子 | 趁火打劫 | 豪车着火了，小偷用钩子勾出了车内的钱包，趁火打劫 |
| 6 | 勺子 | 声东击西 | 参考 1：小孩子闹着要吃饭，用勺子敲出了声音，东敲敲，西敲敲。<br>参考 2：作战时，看到敌人来抢饭，把勺子扔向东边，自己往西边逃跑，声东击西 |
| 7 | 拐杖 | 无中生有 | 魔术师从他的帽子里变出拐杖，真的是无中生有 |
| 8 | 葫芦 | 暗度陈仓 | 参考 1：按着葫芦的肚子，扔到了陈旧的仓库里。<br>参考 2：项羽军不知道刘邦军要暗度陈仓，不知道他葫芦里卖的什么药 |
| 9 | 哨子 | 隔岸观火 | 着火了，吹着哨子呼救，但很多人依然隔岸观火 |
| 10 | 棒球 | 笑里藏刀 | 他对我笑嘻嘻，背后却拿着刀，还好我有棒球棍防守 |

### 2. 记忆一条线路的站名

用数字定位法，把自己所在城市的一条地铁或一路公交的所有站名记下来。

## 第五节　口诀记忆法

口诀记忆法指的是将记忆的材料提取关键字或关键词后，编成口诀的记忆方法，也叫歌诀法、顺口溜记忆法等。

口诀记忆朗朗上口、节奏轻快、押韵，它可以缩小记忆材料的数量，起到化繁为简的作用，增强趣味性，而且记得牢，避免遗漏。我们把口诀记忆法归类在故事法里，它相当于一个极其精简的小故事。

回忆一下，还记得那些朗朗上口的内容吗？比如我说上一句，你接下一句。

“12345，上山……”

“一一得一，一二得二……”

“我在马路边……”

哪怕多年不复习这些内容，现在依然记忆犹新。同理，用口诀记忆的内容读顺口后，基本上也很难忘记。可以说就是真正意义上的永久性记忆，甚至比图像记忆还持久。

学校里有些老师也会给学生们编一些小口诀，这样的记忆效果非常好。所以，我们把口诀记忆形成一套方法体系后，学习中就可随处使用，提高学习效率。

### 小试牛刀

### 1. 记忆八国联军

公元1900年(清光绪二十六年)八国联军侵华战争，是以当时的大英帝国、美利坚合众国、法兰西第三共和国、德意志帝国、俄罗斯帝国、大日本帝国、意大利王国、奥匈帝国为首的八个主要国家组成的对大清帝国的武装侵略战争。

关键字：俄、德、法、美、日、奥、意、英。

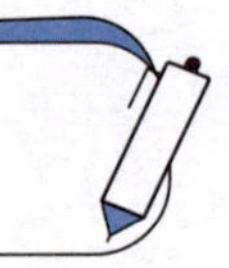

**记忆方法**

记忆口诀：饿的话，每日熬一鹰。想象八国在侵略时肚子饿了，每天射一只老鹰熬汤喝。记完后，一定要记得还原出原信息。

### 2. 记忆唐宋八大家

唐宋八大家，又称“唐宋散文八大家”，分别是柳宗元、韩愈、欧阳修、苏洵、苏轼、苏辙、王安石、曾巩。其中苏洵、苏轼、苏辙简称“三苏”，口诀为“巡视者”。

关键字：三苏、柳、韩、修、巩、石。

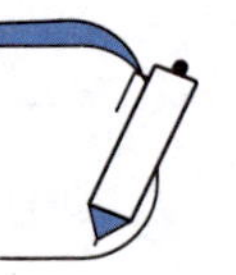

**记忆方法**

记忆口诀：三苏流汗修拱石。想象“三苏”流着汗水修这座石拱桥。

巡视者

## 公式

$$0.1+0.1+0.1+0.1+\cdots=1$$

口诀记忆法是在故事法的基础上做了精简，所以公式相似，也是把多个信息简化后联想为一个整体。为什么公式的左边用“0.1”表示呢？如果说“1”表示一组信息，那么“0.1”就表示把这组信息进行高度浓缩，也就是提取关键字。公式右边的“1”代表联想后的口诀。比如柳宗元、韩愈中的“柳”“韩”都是公式左边的“0.1”，“三苏流汗修拱石”就是右边的“1”。

## 使用要点

（1）先理解原内容意思，再提取句首或有代表性的关键字、词。

（2）编的口诀尽可能有趣、朗朗上口、押韵。

（3）编的口诀最好有故事性或有画面感。

（4）编口诀时，会用到谐音转化，谐音与原音越接近，越容易还原出原内容。

（5）同一组信息，尝试多编几个口诀，选出经典的那一个。经典的口诀更有利于记忆和传播，越传播越有利于记忆。

（6）一句小口诀，一般在 7 个字以内。超过 7 个字，可编多句小口诀（如“饿的话，每日熬一鹰”，超过 7 个字，中间就有分隔）。

### 应用范围

口诀记忆法适合记忆零散的知识点，各类考试、考证备考时都可以使用，提高记忆效率。上台讲话时，也可以把所讲的要点的关键字、词编成一个口诀，讲话就不会遗漏了。

## 实战应用

### 1. 战国七雄与秦灭六国的顺序

战国七雄是战国时期七个最强大的诸侯国的统称，经过春秋时期旷日持久的争霸战争，周王朝境内的诸侯国数量大大减少，战国七雄的格局正式形成，它们分别是：秦国、楚国、齐国、燕国、赵国、魏国、韩国。后来，秦国依次消灭韩国、赵国、魏国、楚国、燕国、齐国，一统天下。

关键字：秦、韩、赵、魏、楚、燕、齐。

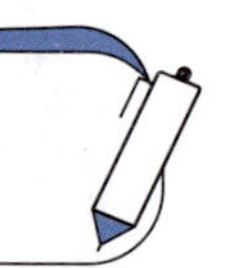

### 记忆方法

记忆口诀：亲，喊赵魏出怨气。想象有个人叫赵魏，总是被欺负，积累了很多怨气，所以要喊他出怨气。

### 2. 四书五经

四书五经是“四书”与“五经”的合称，记载了政治、军事、外交、文化等各个方面的史实资料及孔孟等思想家的重要思想。四书包括《大学》《中庸》《论语》《孟子》四部作品，五经包括《诗经》《尚书》《礼记》《周易》《春秋》五部作品。

四书的关键字：孟、中、大、语。

五经的关键字词：诗、书、礼、易、春秋。

**记忆方法**

**四书的记忆口诀：**梦中大雨。想象做梦，梦中下大雨，淋湿了四本书。

**五经的记忆口诀：**诗书里一春秋。想象打开一本诗书，里面描绘的场景跨过了一个春秋。

### 3. 中国八大菜系

在清朝初年，川菜、鲁菜、淮扬菜（江苏菜）、粤菜，成为当时最有影响力的地方菜，被称作四大菜系。到了清朝末年，浙江菜、闽菜、湘菜、徽菜四大新地方菜系分化形成，共同构成汉族饮食的“八大菜系”。

关键字：川、粤、鲁、苏、闽、浙、湘、徽。

**记忆方法**

**记忆口诀**：穿越露宿，明着相会。想象自己穿越到了荒地，整天风餐露宿，太孤独了。明摆着说：我要找人相会。

当然，你也可以直接记口诀“川粤鲁苏，闽浙湘徽”，刚开始需要多读几遍，读顺口后就能慢慢地形成长久记忆。

**前者和后者的口诀区别在于**：前者的口诀刚开始容易快速记住，但提取需要转化，比如“明着相会”要还原成“闽浙湘徽”；后者的口诀在刚开始记忆时需要多读几遍，没有那么容易快速记住，但读顺口之后，提取时就不需要做转换了。

### 4. 金庸的 14 部作品

《飞狐外传》《雪山飞狐》《连城诀》《天龙八部》《射雕英雄传》《白马啸西风》《鹿鼎记》《笑傲江湖》《书剑恩仇录》《神雕侠侣》《侠客行》《倚天屠龙记》《碧血剑》《鸳鸯刀》。

**记忆方法**

可能大家早已听过“飞雪连天射白鹿，笑书神侠倚碧鸳”，没错，这就是由每部作品的第一个字编成的口诀。如果这 14 个字也记不住怎么办呢？那就需要借助图像联想，想象在飞雪连天的场景里，有人射白色的鹿，笑着的金庸大叔被称为“神侠”，他依靠在碧园小区前面看风景。

## 5. 行政处罚种类

（1）警告；
（2）罚款；
（3）没收违法所得、没收非法财物；
（4）责令停产停业；
（5）暂扣或者吊销许可证、暂扣或者吊销执照；
（6）行政拘留；
（7）法律、行政法规规定的其他行政处罚。

先理解意思，然后在每条里提取一个具有代表性的关键字。只有理解了，才能根据关键字进行还原。

关键字：警、罚、没、停、扣、留、他。

**记忆方法**

**记忆口诀：**警罚没停扣留他。想象交警贴罚单，但车辆没有停下来，要逃跑，所以要扣留他。

### 6. 我国省级行政区记忆口诀

两湖两广两河山，云贵川西青陕甘。

四市港澳台海内，五江二宁福吉安。

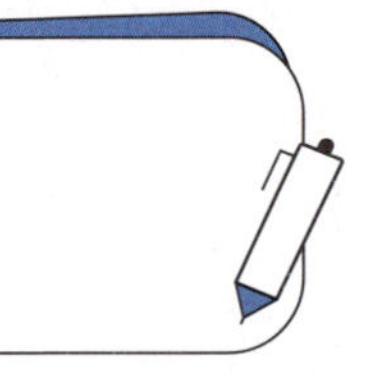

**记忆方法**

我国共计 34 个省级行政区，包括 23 个省、5 个自治区、4 个直辖市、2 个特别行政区，上面的四句口诀中都已包含。现在凭你的感觉，来猜一猜口诀里的字词对应哪些省份吧！

如果你都能猜出来，但这四句口诀记不住怎么办呢？我们发现它有着“2345”的规律。相当于数字定位法：2—两湖；3—云贵川；4—四市；5—五江。只要记住开头两个字，多读几遍后，后面的内容就能脱口而出了。

**作者的经验分享**

“十大、八大、四大、三大”这类信息就非常适合用口诀来记忆，比如“四大发明、八大菜系、唐宋八大家”等。口诀能极大地简化信息量，让记忆更容易。

口诀记忆法也是我常用的方法，我大脑中积累了大量的口诀。有些口诀编好后，如果一次也不复习，有时也会忘记。所以一定要多复习，形成脱口而出的记忆效果才能记得牢固。

如果编的口诀本身又拗口又长，就可以通过故事或图像来“支撑”它、解释它。比如四书的口诀“梦中大雨”，我们就用“梦中下大雨，淋湿了四本书”这个故事来解释它，并附带了图像画面，就能记得更牢了。

随着时间的推移，口诀记忆的过程有“三层”。还是用“梦中大雨”举例：

第一层：“梦中下大雨，淋湿了四本书”，所以是梦中大雨。（一般是记忆初期）

第二层：梦中大雨。（已经很熟练了，不需要故事和图像的“支撑”）

第三层：孟中大语。（心理表征已经是“四书”了，不再是“梦中大雨”）

所以可以看出，口诀记忆法也有一个小缺点，就是需要先回忆口诀，再回忆原信息。这中间有一层思考与转换。但如果你对口诀很熟悉，到了第三层，也就不存在转换了。

## 让我来试试

### 1. 社会保险

医疗保险、生育保险、工伤保险、养老保险、失业保险。

### 2. 五大名山

东岳泰山、南岳衡山、西岳华山、北岳恒山、中岳嵩山。

参考答案

1. 社会保险的口诀：医生伤老师。想象医生给老师打针时，不小心伤到了老师。

2. 五大名山的口诀：太狠话很怂。想象一个人做事太狠，但说话很怂。由此回忆出“泰衡华恒嵩”，再匹配上东南西北中即可。

# 第六节 谐音记忆法

谐音记忆法是指把所记内容谐音成熟悉的或有意义的内容来记忆，谐音包括相同或相近的读音，它适用于记忆一些抽象、难记的材料。

我们常听说“谐音梗”，就是把谐音用到了极致，比如“我喜欢李白的诗，陆游气坏了，于是我就无法上网了”，即“陆游气→路由器”的谐音梗。

运用谐音能让内容变得有趣，增强记忆效果。像脑筋急转弯、歇后语、双关语、小品包袱、相声包袱、起名等都会用到谐音的技巧。把谐音记忆法练好了，说不定你会变得更加幽默呢！

谐音记忆法和口诀记忆法是“亲兄弟”，都和声音有关。谐音记忆法不需要像口诀记忆法那样先提取关键字，而是直接对原内容使用谐音。它单独作为一种方法使用时，适合记忆少量信息。要想记忆较长信息，就需要结合使用其他方法。

## 小试牛刀

### 1. 圆周率

在没有学习记忆法之前，很多人都听过这样记忆圆周率的谐音诗。

| 前 22 位： | 3.14159 | 26535 | 897 | 932 | 384 | 626 |
|---|---|---|---|---|---|---|
| 谐音记忆： | 山巅一寺一壶酒， | 尔乐苦煞吾， | 把酒吃， | 酒杀尔， | 杀不死， | 乐尔乐。 |

前面已经讲过圆周率小数点后前 100 位的记忆方法，而用谐音法只适合部分圆周率的记忆。尝试一下能否通过谐音回忆出这 22 个数字呢？

### 2. 化学常用金属活动性顺序表

内容：钾、钙、钠、镁、铝、锌、铁、锡、铅、(氢)、铜、汞、银、铂、金。

谐音记忆：嫁给那美女，身体西迁轻，统共一百斤。

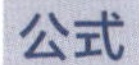

**公式**

$$忆 = 1$$

“忆”字代表原内容，“1”代表谐音后利于我们记忆的词或者句子。

**使用要点**

（1）先理解原内容的意思，再使用谐音。

（2）谐音后的内容最好有故事性或有画面感。

（3）谐音与原音越接近，越容易还原出原信息。

**应用范围**

适用于记忆一些抽象、无规律、难记的材料，如外国人名、中国人名、少部分数字、少部分英语单词、部分文言文、各学科知识点等。

## 实战应用

### 1. 人名记忆

高雪丽。谐音记忆：高学历。

范正香。谐音记忆：饭真香。

唐亦可。谐音记忆：糖一颗。

赵晓刚。谐音记忆：找小缸。

## 2. 公式记忆

电功的公式 $W=UIt$

谐音记忆：大不了，又挨踢。

电流强度公式 $I=Q/t$

谐音记忆：爱（$I$）神丘（$Q$）比特（$t$）。

## 3. 英语单词

谐音记单词是很多老师都不提倡的方法，他们认为谐音会影响单词的发音。但有些英语单词用谐音记忆印象会非常深刻，很多人还将这些单词在各大平台上分享，因为实在太经典了，我们来看看吧！

Monday ['mʌndeɪ] n. **星期一**

谐音：忙 day

联想：休完周末，星期一当然是忙的一天。

还原：忙（Mon）day

ambition[æm'bɪʃn] n. **雄心；志向**

谐音：俺必胜

联想：经常说俺必胜的人，当然很有志向和雄心。

还原：俺（am）必（bi）胜（tion）

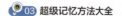

ambulance ['æmbjələns] n. **救护车**

谐音：俺不能死

联想：俺不能死，赶快叫救护车。

还原：俺（am）不（bu）能（lan）死（ce）

pest [pest] n. **害虫**

谐音：拍死它

联想：遇到害虫，肯定要拍死它。

还原：拍（pe）死（s）它（t）

## 作者的经验分享

谐音记忆法是容易受到质疑的一种方法，我根据自己多年的运用和教学经验，分享以下三点内容。

**第一，**谐音记单词是否可行？我的结论是初二及以上的同学，可以用谐音记一部分单词，理由如下。

（1）初二的同学已经学了音标，用谐音记单词不代表他不能正确地发音，谐音与正确发音相混淆的概率很低。因为同学们都有了理解能力和判断能力，谐音只是一个辅助记忆的手段。如同学们经常拿单词“English”开玩笑，谐音成“应给利息”；“thank you”谐音成“3Q”，同学们能辨别哪个是谐音，哪个是正确发音吗？肯定能！

（2）如果一个同学不愿意学英语或者英语很差，他记单词只会用谐音，就支持他用吧。至少他还有点自己的方法，如果把这点方法都剥夺了，他就不学了，那成绩更差。当然，记单词还有很多方法，能学会其他方法替代谐音记忆会更好。

（3）谐音符合记忆法的核心“简联熟”的原理和步骤，谐音成中文起到了简化和转化为熟悉信息的作用。比起听不懂的发音，谐音成中文至少能看懂，也比死记硬背更有趣，记忆的效率得到提升。

**综上所述，谐音记单词利大于弊，初二及以上的同学可以适当使用。**

**第二，**背诵古诗词或者文言文能用谐音吗？我的结论是**记忆古诗词不要用谐音，记忆文言文少用谐音。**

谐音的缺点就是会对我们理解原内容的意思造成一定的干扰。古诗词都有自己的画面感和意境，谐音容易破坏意境感，即使短时间记下来，也没有太大的意义，不利于长久的记忆和深度的理解。

文言文比古诗更长、更难记，少部分比较难记的词可以运用谐音。古诗词、文言文的具体记忆方法将在“04 巧记语文知识”中详细介绍。

**第三，**对于不需要理解原内容本身意思的这类信息，尽管用谐音，怎么好记怎么用，如姓名、圆周率、百家姓、数字、生字等。

### 让我来试试

1. 给下面这些数字编一些好记的谐音吧。

（1）5251314

（2）1644

（3）59434

（4）1778

2. 猜猜下面和谐音有关的歇后语。

（1）外甥打灯笼

（2）和尚打伞

（3）孔夫子搬家

（4）唐僧的书

参考答案

1. 略。

2.（1）照旧（舅）；（2）无法（发）无天；（3）净是输（书）；（4）一本正经（真经）。

# 第七节　熟语定位法

熟语定位法指的是用熟悉的语句作为定位桩，把所记信息联想到熟悉的语句上，用法和数字定位法、记忆宫殿法相似。“熟语”可以是我们熟悉的任何语句，包括标题等。

## 小试牛刀

**夜宿山寺**

【唐】李白

危楼高百尺，手可摘星辰。

不敢高声语，恐惊天上人。

译文：山上寺院的楼真高啊，人在楼上好像一伸手就可以摘下天上的星星。站在这里，不敢大声说话，恐怕惊动天上的神仙。

用熟语定位记忆，首先选好熟语。这里选“夜宿山寺”，每个字联想一句。

### 记忆方法

夜——危楼高百尺。联想：在夜晚看寺院，真高啊！感觉有一百尺那么高。

宿——手可摘星辰。联想：住宿在星星下面，好像手可以摘到星辰。

山——不敢高声语。联想：站在山上，不敢高声说话。

寺——恐惊天上人。联想：站在寺庙最高处，怕惊扰了天上的神仙。

回忆时，由“夜宿山寺”四个字提取出对应的诗句。随着不断复习，背得比较熟练后就不再需要这个回忆线索，可以简单理解为“过河拆桥”。

熟语的选择也有技巧。首先，根据记忆的内容数量来确定熟语的数量，选的熟语和古诗的意思最好有一定的关联度。比如这里有人选“危楼高百”“唐代李白”“小试牛刀”“我爱古诗”作为熟语，都没有“夜宿山寺”做熟语好。

### 公式

**A + 你 = 1；　B + 我 = 1；　C + 他 = 1；**

**以此类推。**

和数字定位法的公式类似。A、B、C 分别代表要记的信息，你、我、他分别代表熟语，“1”就是联想后的结果。比如“不敢高声语”+“山”=“站在山上，不敢高声说话”。

### 使用要点

（1）选的熟语尽可能和所记内容有一定的关联性。

（2）熟语里的每个字和所记内容有一定联系会更好。

（3）按照“简联熟”的步骤，先简化信息，再联想到熟语上。

### 应用范围

熟语定位法适用于简答题、条目信息、古诗词等各类需要排序的知识点的记忆，尤其适合与演讲、表达有关的记忆。

## 实战应用

### 1. 演讲与表达的关键词

**（1）“赶过猪”**

“赶过猪”即“感过祝”，感谢、回顾过去、祝愿。这是我上台发言的常用模型，运用的效果屡试不爽。相当于口诀记忆法的逆向使用，也相当于把要讲的话定位到了某个字上，由某个字展开所要讲的话。

例如，给学员们上完课，结业时就可以说：“感谢（感）全体工作人员的辛苦付出；感谢同学们的信任……这段时间（过），我们见证了每位同学在记忆上的蜕变，学习变得更加自信，尤其是……最后，祝愿（祝）每位同学学业有成、前程似锦、梦想成真！”

（2）“自站给支”

联想自己被罚站，求同学给一支笔来做笔记。“自站给支”意思是自我介绍、为什么站在这里、我能给大家带来什么、我需要大家什么支持。这个公式适合自我介绍、参加各类竞选。比如某个同学要竞选班长，就可以使用这个公式。

（3）自创

按照这种思路，你可以自创很多熟语模型。做分享时会让人耳目一新，对你刮目相看，如下。

学习需要“三心二意”，即用心、耐心、细心、毅力、好记忆；

思考问题时，一定要“问媛姐”，即明确问题、分析原因、提供两三种解决方案。

我们可以发现，讲话的内容可以概括为一个另类的“标题”，再由这个“标题”的每个字展开更多的内容，这就是熟语定位法的一个延伸运用。

## 2. 二十四节气口诀

春雨惊春清谷天，夏满芒夏暑相连。

秋处露秋寒霜降，冬雪雪冬小大寒。

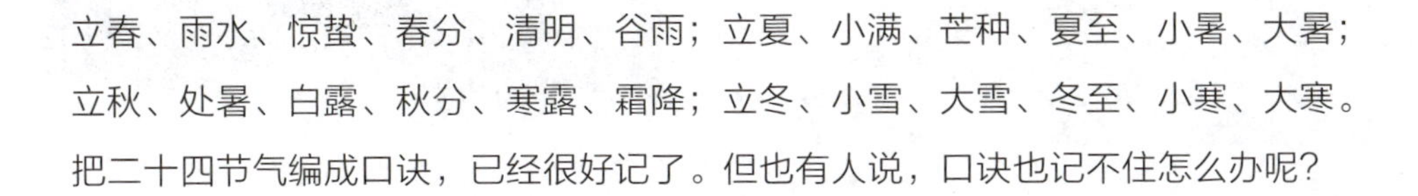

立春、雨水、惊蛰、春分、清明、谷雨；立夏、小满、芒种、夏至、小暑、大暑；

立秋、处暑、白露、秋分、寒露、霜降；立冬、小雪、大雪、冬至、小寒、大寒。

把二十四节气编成口诀，已经很好记了。但也有人说，口诀也记不住怎么办呢？

此时我们可以用熟语定位法，选取“春夏秋冬”作为熟语定位。

**记忆方法**

春——春雨惊春清谷天

联想：春雨下得太突然，惊吓到了春天，青色的山谷也被淋湿了。

夏——夏满芒夏暑相连

联想：夏天满树的杧果都掉下来了。太热了，中了两次暑。

秋——秋处露秋寒霜降

联想：“秋处”露出了秋天的景色，寒意袭来，降霜（倒字法：霜降）了。

冬——冬雪雪冬小大寒

联想：冬天下雪（倒字法：雪冬），越来越寒冷。

### 3. 四大工业基地

四大工业基地指的是我国辽中南工业基地、京津唐工业基地、长江三角洲工业基地和珠江三角洲工业基地。

选择“聊北上广”为定位的熟语。选择这个熟语最大的好处就是不用联想，因为每个字和内容都有一些联系，如果有一些地理知识作为支撑，就更容易理解了。

**记忆方法**

聊——辽中南工业基地。

北——京（北京）津唐工业基地。

上——长江三角洲（包含上海）工业基地。

广——珠江三角洲（包含广州）工业基地。

**作者的经验分享**

熟语定位法和口诀记忆法有些相似，实战记忆时，根据所记内容来灵活选择。我最喜欢的不是用熟语来记信息，而是用它来创造一些“双关语”，就像前面提到的“三心二意”“问媛姐”等，能有意想不到的效果。

自创“双关语”有两种思路：第一，根据要表达的内容，在内容中提炼出一个熟语或口诀；第二，和前面的步骤刚好相反，先选好一个熟语，再把这个熟语的每个字拆解并展开说明，最后由这几个字延展出的内容总结出一个中心主题。

**让我来试试**

用熟语“心脏很累”记忆四大牧区。

我国的四大牧区是新疆牧区、西藏牧区、青海牧区、内蒙古牧区。

参考答案

心——新（心）疆牧区　　很——想象自己很想去青海

脏——西藏（脏）牧区　　累——内（累）蒙古牧区

## 第八节　物体定位法

物体指自然界客观存在的一切有形体的物质，一般分为气态、液态和固态。物体定位法一般指的是用棱角分明的物体作为定位系统，把所记信息联想到物体的某些部位上。

物体定位法属于记忆宫殿法的一种延伸，包括后面要介绍的配图定位法、场景定位法，它们都有着一样的原理和步骤。

在记忆法初体验中我们体验了身体定位法，它也属于物体定位法的一种。下面列举一些经常用作定位的物体。

（1）身体；（2）汽车；（3）自行车；（4）房子；（5）体积较大的动物；（6）电脑；（7）桌子；（8）凳子；（9）沙发；（10）大树。

注意，所选的物体需要有一定的轮廓、体积，才有利于在物体上找一些定位点。另外，根据所记内容来选择定位的物体，内容与物体之间越有关联度越好。

### 小试牛刀

#### 1. 四大发明

造纸术、指南针、火药、印刷术。

根据这四项内容可以发现，鞭炮和它们有很强的关联度。于是在鞭炮上找四个定位点，从里到外分别是火药、包裹的纸、纸上的图案、向下的引线。

### 记忆方法

火药——火药（无须联想）

包裹的纸——造纸术（无须联想）

纸上的图案——印刷术（无须联想）

向下的引线——指南针（联想：上北下南，向下代表指南）

有没有发现，如果定位物体和物体上的定位点找得好，完全不用联想就能记住，可以达到“不战而屈人之兵”的效果，用鞭炮就记牢了四大发明。

## 2. 书同文，车同轨

秦始皇为加强中央集权，分别从经济、文化、交通上统一了货币、度量衡、文字、车辆和道路的宽窄。

根据内容来分析，可以选择两个物体作为定位，如下图所示，铁路上立着一枚铜钱。选四个定位点，分别是铜钱、铜钱上的字、铁路、铁轨宽度。

### 记忆方法

①铜钱——统一货币（无须联想）

②铜钱上的字——统一文字（无须联想）

③铁轨——统一度量衡（联想：用度量仪器测量铁轨的长度）

④铁轨宽度——统一车辆和道路的宽窄（无须联想）

回忆时，只需要想到铜钱和铁路就能提取出内容，还能做到顺背、倒背。赶快尝试一下吧！

## 公式

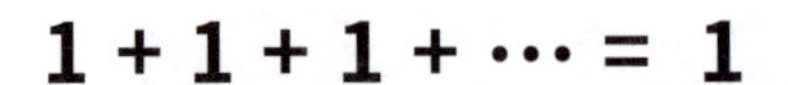

和记忆宫殿法的公式一样，背景“地球”代表定位的物体，公式左边的所有“1”代表要记的信息。比如“小试牛刀”中的四大发明就是公式左边的四个“1”，鞭炮就是“地球”，鞭炮上的四个定位点刚好容纳四个“1”的内容，公式右边代表联想后的整体结果。

## 应用范围

物体定位法适用于记忆各类零散知识点、简答题、古诗词、名言名句等，尤其生物学科用得非常多。

## 物体上的定位点

前面分享的记忆宫殿需要提前积累好，但是物体上的定位点（定位桩）可以临时找，而且最好根据所记内容来选取定位点。如“小试牛刀”中记忆“秦始皇统一文字”就去匹配铜钱上的字，而不是联想到铁路上。

在物体上选取定位点的原则也是按照记忆宫殿法中找地点的原则，需要有顺序、有特点等。

从上往下分别选取五个定位点：
鸡冠、脖子、鸡背、尾巴、爪子

从上往下分别选取五个定位点：
头顶、嘴巴、前脚、后脚、尾巴

从上往下分别选取五个定位点：
手提部分、背带、拉链、侧包、小包

从左往右分别选取五个定位点：
前轮、车篮子、把手、脚镫子、后轮

我们还可以做一个延伸，如果在110个数字编码上都找五个定位点，那么我们就有了550个有顺序的定位点。

再做深一层的延伸，假如把每个编码放到一个场景中，在这个场景里再选10个，甚至20个地点，那么我们就可以积累更多的定位点，每个定位点上都可以承载几个信息。这就是很多记忆高手背下整本书籍的方法，而且还能做到任意抽背、点背，我背《新华字典》就是用的这种思路。

## 使用要点

（1）先分析和理解所记内容，根据所记内容来选择定位的物体。

（2）按照“简联熟”的步骤，先简化信息，再联想到物体的定位点上。

（3）物体上的定位点在满足有一定顺序的前提下，尽可能去匹配所记内容的意思。实在不能匹配就发挥一些联想，让所记内容牢牢地联想在定位点上。

（4）有时可以组合多个物体。

（5）记牢物体上所选的定位点与路线，这是提取信息的关键线索。

## 实战应用

### 1. 人体八大系统

呼吸系统、循环系统、内分泌系统、消化系统、泌尿系统、生殖系统、运动系统、神经系统。

既然是人体八大系统，肯定是首选人体作为定位，在人体上从上往下找四个定位点，分别是：鼻子、胃部、肾脏、脚。每个定位点记忆两个信息。

#### 记忆方法

①鼻子——呼吸系统、循环系统

联想：鼻子需要不断地循环呼吸。

②胃部——内分泌系统、消化系统

联想：胃分泌胃酸消化食物。

③肾脏——泌尿系统、生殖系统

联想：肾脏是形成尿液（泌尿系统）的器官，排出尿液要经过生殖系统。

④脚——运动系统、神经系统

联想：用脚做跑步运动，需要有神经的控制。

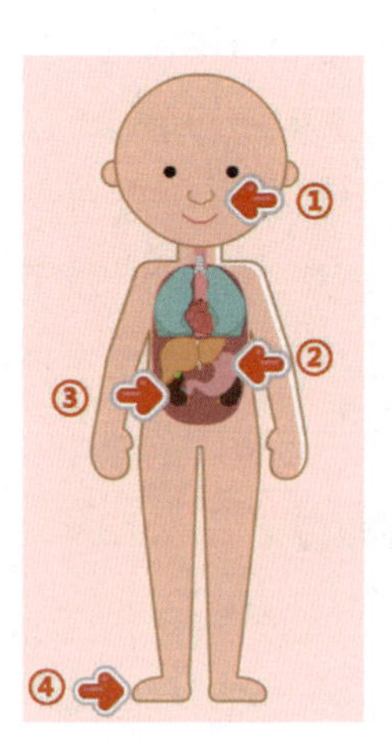

以后生物考试就有隐形“小抄”藏在你的身上。赶快尝试顺背、倒背一遍吧！

## 2. 古诗记忆

**画鸡**

【明】唐寅

头上红冠不用裁，满身雪白走将来。

平生不敢轻言语，一叫千门万户开。

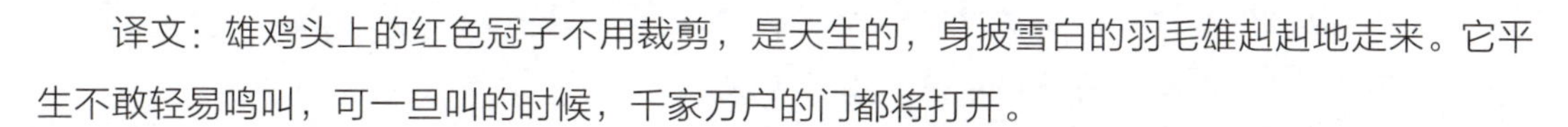

译文：雄鸡头上的红色冠子不用裁剪，是天生的，身披雪白的羽毛雄赳赳地走来。它平生不敢轻易鸣叫，可一旦叫的时候，千家万户的门都将打开。

根据这首诗的内容，选择白色公鸡作为定位。根据诗中每句内容，分别选择公鸡上的红冠、身上、嘴、嘴外作为定位点。注意所有定位点的顺序，从红冠开始为顺时针的顺序，如下图所示。

### 记忆方法

①红冠——头上红冠不用裁（无须联想）

②身上——满身雪白走将来

联想：满身雪白，将要向你走过来。

③嘴——平生不敢轻言语

联想：平生都不敢轻易鸣叫。

④嘴外——一叫千门万户开

联想：嘴外有很多户人家，一叫唤千家万户都打开了门。

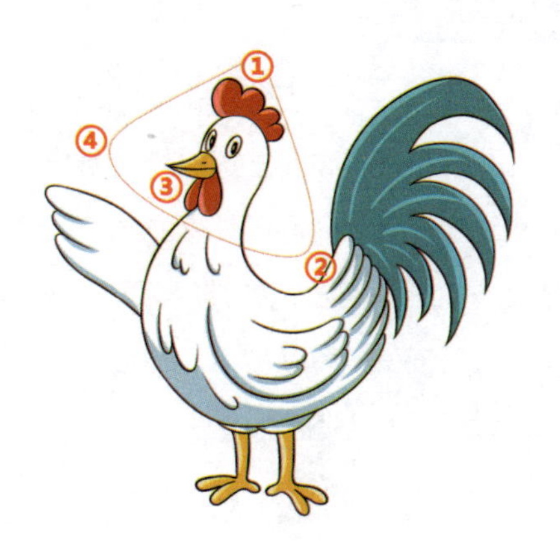

联想记忆的过程中，也理解了这首诗的意思，一箭双雕。有些人刚学了一点故事法、谐音法，对记忆法没有深入了解时，认为记忆法是“旁门左道”。到底是不是呢？学到现在，相信大家心中都已有了答案。记忆法本身没有任何问题，它能帮助我们记得快、记得牢，能经受得住时间的考验。只是重点在于我们能不能把它运用好。

接下来尝试顺背、倒背一遍吧！古诗词为什么要倒背？因为考试默写时，出题老师会写出下一句，叫你默写出上一句，相当于考倒背。

### 3. 哺乳动物的主要特征

（1）体表被毛，体温恒定；（2）胎生、哺乳；（3）牙齿分化；（4）高度发达的神经系统和感觉器官。

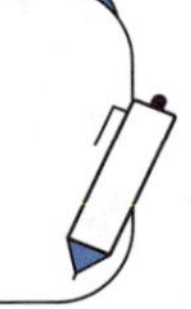

毫无疑问，选哺乳动物作为定位系统，但是一定要选一只具体的哺乳动物，这样记忆才能聚焦。我们选数字编码中的“山虎”，即老虎作为定位系统，定位点分别选牙齿、耳朵、背部、腹部四个点，呈顺时针的顺序。

**记忆方法**

①牙齿——牙齿分化（无须联想）

②耳朵——高度发达的神经系统和感觉器官

联想：由耳朵可记住感觉器官，耳朵连接了大脑，而大脑中分布着发达的神经系统。

③背部——体表被毛、体温恒定

联想：有毛遮挡，它背上体温恒定。

④腹部——胎生、哺乳

联想：可以稍微夸张，想象老虎生孩子是剖宫产（胎生），生完后给小老虎哺乳，都发生在腹部这部分区域。

注意：记忆的内容虽然在老虎身上，但内容要能灵活迁移。例如，提到牛、羊、马，也同样要知道它们有这些特征。

尝试把哺乳动物的主要特征顺背、倒背一遍吧！

### 4. 马斯洛层次需求理论

马斯洛指出，人们需要动力实现某些需要，有些需求优先于其他需求。从层次结构的底部向上，需求分别为：生理（食物和衣服），安全（工作保障），社交需要（友谊），尊重和自我实现。

因为需求和人相关，所以选择身体来定位。在人身上从下往上选五个定位点，如下图所示。

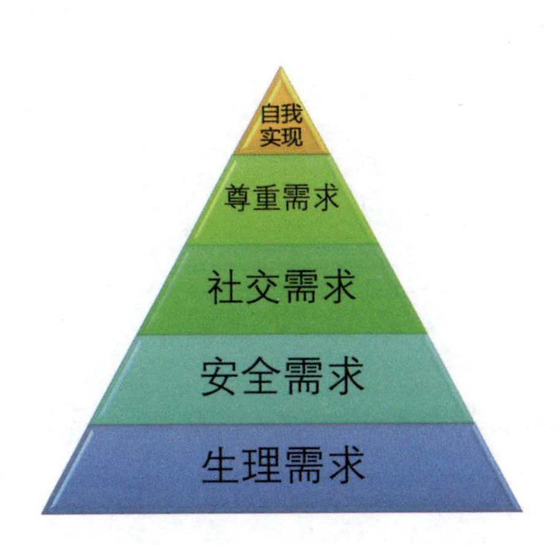

## 记忆方法

①肚子：吃喝的食物要经过肚子，很容易记住生理需求。

②脖子：想象这个小孩脖子扭伤了，要多注意安全。

③嘴：用嘴说话，和人沟通，记住了社交需求。

④眼睛：交流时，眼睛要目视对方，才表示尊重。

⑤头顶：头脑中有很多梦想，现在都实现了。

祝每位读者都能完成自我实现，赶快顺背、倒背一遍吧！

## 作者的经验分享

物体定位法是我最喜欢用的方法之一，它能把杂乱的知识点汇聚到一个物体上，让记忆更聚焦，记得更牢固。生活、学习、工作的记忆中都用得到。

再着重强调一点，**所记信息和所选的定位物体之间要尽可能有关联，**这样更有利于我们一边记一边理解信息，也更有利于长时记忆。如果随便选物体来定位记忆，短时间内可能感觉不出记忆牢固度的差别，当记忆内容多了、时间久了，就能对比出记忆的优劣。

## 让我来试试

### 1. 温故而知新

（1）四大发明是？

（2）人体有哪八大系统？

（3）背诵《画鸡》。

### 2. 牙齿分化

用小狗的牙齿作为定位，记忆哺乳动物的牙齿分化：门齿、犬齿、臼（jiù）齿。（小提示：选牙齿的前、中、后作为定位点。）

# 第九节　配图定位法

配图定位法指的是找到和所记内容大致意思相匹配的图，在配图上选取定位点来记忆信息。

上学时使用的教材都有很多配图，这些配图都可以用来记知识。比如语文课本上有些古诗词会有配图，就可以直接用来记古诗。如果没有配图，再选其他图片。

配图定位法和物体定位法有很多相似之处，它的各种规则可以参照物体定位法，这里就略过“小试牛刀”“公式”等部分，直接进行实战应用。

## 实战应用

### 1. 元曲四大家

关汉卿、马致远、白朴、郑光祖。

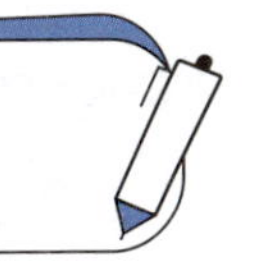

所选配图如下，这幅图的意思是有位妇女跪着为马叫冤，冤屈（元曲）啊！请求把马放出来。在这幅图上选四个定位点，从左往右分别是铁笼、马的前蹄、马背、马的后腿。

#### 记忆方法

①铁笼——关汉卿

联想：铁笼关住了关汉卿。关汉卿的名字我们多多少少都听过，可以不用谐音转化，联结关键部分“关”即可。

②马的前蹄——马致远

联想：马不停蹄，跑了很远（致远）。

③马背——白朴

联想：线索一，马背是白色的。线索二，马摆谱（白朴），不让你骑上去。

④马的后腿——郑光祖

联想：真的是光着足跑啊！

注意：配图是重要的提取线索，所选配图本身需要有一定的意义，才能记得更牢固、更持久，不要选杂乱、无意义的图。

尝试顺背、倒背一遍吧！

## 2.《少年闰土》节选

> 深蓝的天空中挂着一轮金黄的圆月，下面是海边的沙地，都种着一望无际的碧绿的西瓜。其间有一个十一二岁的少年，项带银圈，手捏一柄钢叉，向一匹猹（chá）尽力地刺去。那猹却将身一扭，反从他的胯下逃走了。

我们用语文书上的配图来记忆这一段。分析理解内容后，在配图上选取四个定位点，分别是圆月、西瓜地、闰土、猹。注意从远到近厘清顺序，如下图所示。

**记忆方法**

①圆月

感受画面：深蓝的天空中有什么呢？挂着一轮金黄色的圆月。无须其他联想。

②西瓜地

感受画面：看不到海边，想象远处有海边和沙地。沙地上面有什么？都种着一望无际的碧绿的西瓜。

③闰土

感受画面：其间有一个十一二岁的少年。少年身上 A、B 两处有什么？ A——项带银圈，B——手捏一柄钢叉，捏着钢叉做什么？向一匹猹（chá）尽力地刺去。

④猹

感受画面：那猹却将身一扭，扭了之后呢？反从他的胯下逃走了。

配图能起到定位和分割信息的作用，大脑中的记忆就会更清晰。每个定位点和所记内容非常吻合，所以不需要做太多联想。有个重点就是，一定要把定位点的顺序厘清，认真感受画面并结合一定的理解，基本一遍就能记下来。个别字词和形容词偶尔会漏掉，复习时着重记一下就可以了。

按照这四个定位点的顺序，顺背、倒背一遍吧！倒背只需按照④③②①来倒背，不用把每个字都倒过来。

### 作者的经验分享

配图定位法非常适合正在读书的学生们使用，无论哪个学科的教材，学生们都不止翻一次，所以对教材上的图的印象自然会很深刻。我在教学生们学科记忆法时，就会优先用教材上的配图来教学。想要复习知识点，学生们翻看课本看配图就可以了；考试时，想到配图就想起了答案。

### 让我来试试

1. 温故而知新

（1）元曲四大家是？

（2）《少年闰土》节选部分的内容是？

### 2. 配图定位记古诗

已经给大家选好了四个定位点，如下图所示。大家可以根据自己的联想方式，挑战只用一遍记住下面的古诗，并挑战倒背。

**寻隐者不遇**

【唐】贾岛

松下问童子，言师采药去。

只在此山中，云深不知处。

译文：松树下询问隐者的童子，他说师父已上山采药去了。只知道隐者就在这座山中，可云雾缭绕不知具体在何处。

## 第十节　场景定位法

场景定位法就是在大脑中选一个具体的场景来辅助记忆的方法。在这个场景里，你就是导演，想让该场景联想出什么画面都可以。但无序的画面不利于记忆，所以，很多时候都需要在该场景里选一些定位点，我们把它叫作场景定位法。

场景定位法和记忆宫殿法非常相似，它们最大的不同就是：记忆宫殿一般需要提前准备好，每个地点（定位点）是固定的，所记内容要去“迁就”地点。而场景定位法中，场景和定位点的选择需要根据所记内容来确定，场景和定位点要去“迁就”所记的内容。

打个比方，在家里吃饭，你要走到桌子旁去吃，因为桌子是固定的（相当于记忆宫殿是固定的）。而场景定位法就相当于你在哪里想吃饭了，桌子就搬到哪里，桌子来“迁就”你。

我们一睁开眼睛，大脑就会对周围的环境、空间布局、人、事、物进行感知，并自动存入记忆中，这也叫无意识的记忆。我们可以把自己经历过的这些场景充分利用起来，有些场景也可以根据大脑的想象力创造出来。

场景定位法里可以包含物体定位、图像、联想、定位的顺序、故事、口诀等。如果你遇到一些较长的信息不知道怎么记忆时，就用场景定位法，在大脑中立即调取出一个你经历过的场景。无论所记信息有多长，场景都可以适配它，可以灵活调整场景的大小，还可以分场景一、场景二、场景三等。

## 小试牛刀

### 1. 初唐四杰

王勃、骆宾王、杨炯、卢照邻。

### 记忆方法

通过想象构造一个场景，一个冬天的清晨，王勃拿着手电筒照明赶路，来到了池塘边。（如果你有过拿着手电筒照池塘的经历，就用自己的场景，想象你就是王勃。）

在场景里找几个有顺序的定位点，和记忆宫殿法找地点的原则一样。这里按照从上往下、从左往右的顺序，分别找帽子上的冰块（骆宾王）、炯炯有神的眼睛（杨炯）、王勃本人、照向邻边的手电筒（卢照邻）。

前面已经多次分享过这种联想方式，这里省略了一些联想，如帽子上落下的一块冰，记住骆宾王。尝试顺背、倒背一遍吧！

### 2. 八大古都

2004年11月，中国古都学会认定郑州也为古都，因此就有了八大古都之说，分别是西安、南京、北京、洛阳、开封、杭州、安阳、郑州。

所选场景如下图所示，一条小船往左边的正方向航行。从左往右选四个定位点，分别是建筑、船头、红旗与太阳、倒影。

**记忆方法**

①建筑——西安、开封

联想：这个建筑处于西边，形状像天安门。下面的门总是开了又封起来，记住开封。

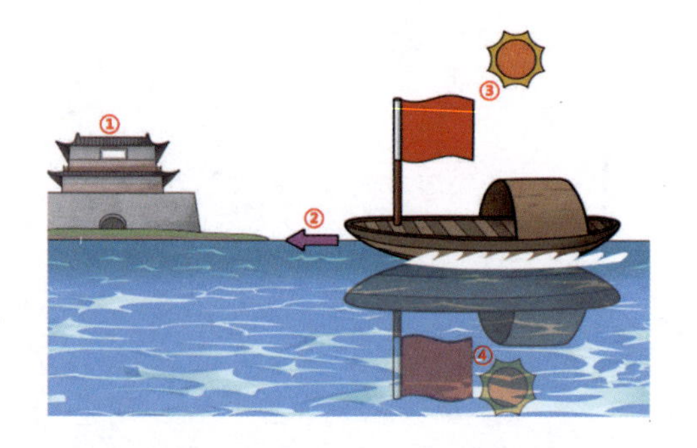


②船头——郑州、杭州

联想：船头往左边的正（郑州）方向开始航（杭州）行。

③红旗和太阳——北京、安阳

联想：由红旗记住北京；太阳像安装在天空中一样，简称“安阳”。

④倒影——南京、洛阳

联想：上北下南，上面是北京，下面就是南京，倒影中像落下的太阳，记住洛阳。

一幅场景图中，巧妙地融入了八大古都，甚至还可以把图片拍下来，当脑筋急转弯去考考朋友，让朋友猜猜是哪八大古都。接下来尝试顺背、倒背一遍吧！

## 公式

$$1+1+1+\cdots=1$$

和记忆宫殿法、物体定位法的公式一样，背景“地球”代表定位的场景，公式左边的所有“1”代表要记的信息。比如“小试牛刀”中的“初唐四杰”就是公式左边的四个“1”，“池塘这个场景”就是“地球”，“王勃和池塘所处的场景”上的四个定位点刚好容纳四个“1”的内容。公式右边的“1”代表联想后的整体结果。

## 应用范围

场景定位法的运用范围非常广，对各类零散知识点、简答题、古诗词、文言文、现代文、名言名句、生字词、英语单词、英语文章等记忆都适用。

## 使用要点

（1）先分析和理解所记内容，根据所记内容来选择定位的场景，经历过的场景都可以用。在大脑中直接提取，方便、快捷。

（2）按照“简联熟”的步骤，先简化信息，再联想到场景的定位点上。

（3）所选场景要有意义，场景的选择和所记内容最好有一定的关联度，这样更有利于记忆和回忆。

（4）记牢场景中所选的定位点与路线，这是提取信息的关键线索。

（5）场景中“虚实结合”，没有的事物可以通过联想实现。

## 实战应用

### 1. 为什么要珍惜生命？

生命来之不易，生命是独特的，生命是不可逆的，生命也是短暂的。

这是七年级上册《道德与法治》的一道简答题，只要记住以上四点，每个点再做一些延伸说明，这道题就可以拿到高分。用下面的场景就能牢牢记住这四点，如下图所示。按照顺时针顺序选四个定位点，分别是婴儿、青年、老年、一生。

#### 记忆方法

①婴儿——生命来之不易

联想：爸爸妈妈把我们带到这个世界，非常不容易（来之不易）。

②青年——生命是独特的

联想：最高，代表最独特。

③老年——生命是不可逆的

联想：老年人不能再回到过去（不可逆）。

④一生——生命也是短暂的

联想：一生用一条短线就概括了，代表短暂。

我在很多学校做记忆法分享时，无论是学校老师还是学生，都认为最难记的科目就是道德与法治或政治，向我咨询最多的也是这两个科目该如何记忆。现在我们用所学的十种方法足以应对这两个科目的记忆了。

尝试顺背、倒背一遍吧！

## 2. 八仙过海

八仙过海是在中国民间流传非常广的神话传说。后来，人们把这个典故用来比喻那些依靠自己的特别能力而创造奇迹的事。八仙分别是:

汉钟离、张果老、韩湘子、铁拐李、吕洞宾、何仙姑、蓝采和、曹国舅。

如果你去过海边或者小河边，就选该场景，在场景里选几个定位点来记忆。这里为了演示，就用下图的场景，从左往右选四个定位点，分别是小狗、荷花、拿拐杖的人、右岸的人。

大致理解一下这个场景的意思，更有利于记忆。大海左右两边各一个人，中间还有一个拿着拐杖采荷花的人。

### 记忆方法

①小狗——吕洞宾

联想：狗咬吕洞宾，不识好人心。

②荷花——蓝采和、何仙姑、张果老

联想：我去采荷（蓝采和）花，因为荷（何仙姑）花上面放了比较老的水果（张果老），我想拿来吃。简单一点的联想就是我采荷花的目的是拿上面的水果吃。

③拿拐杖的人——铁拐李、韩湘子、汉钟离

联想：拿着铁拐（铁拐李）的人坐在箱子（韩湘子）上吃梨（汉钟离）。如果担心名字记不住，可以单独联想名字，如汉钟离，谐音为“含重梨”。

④右岸的人——曹国舅

联想：国舅居然到海边捡果酒来喝，看来是皇帝不让他喝酒。

各定位点上记忆的内容数量是“1+3+3+1”的结构，对称、分隔都有利于记忆，这是简化信息的小技巧。左右岸边的人都好记，记忆重点放在中间的六位上。尝试顺背、倒背一遍吧！

### 3. 驾照考试题

在这段城市道路上行驶的最高速度不能超过多少？

A.30 公里 / 小时　B.40 公里 / 小时

C.50 公里 / 小时　D.70 公里 / 小时

正确答案：A。没有道路中心线的道路，城市道路为每小时30公里，公路为每小时40公里。

#### 记忆方法

在这个场景里，不需要选定位点，只需要让自己身临其境地去体验，想象自己正在开车，遇到中间没有线的路，开车要慢一些，超车也要三思（34）而后行，即记住30和40（30和40不用担心混淆，因为在城市道路上行驶肯定比在公路上要慢一些）。

### 4. 上台讲话

你有没有遇到过这样的情况呢？领导或者老师让你稍微准备一下，待会儿上台讲几句，于是你马上梳理一下要讲的内容。但到了上台的时候，你发现准备的内容很多都想不起来了。现在我们学了场景定位法后就不用担心这个问题了。

先把要讲的内容的大纲梳理清楚，然后把各个要点联想到讲话会场里的定位点上。例如，你要提到你的朋友，感谢他对你的帮助，在他身上你还想展开讲五个小点，那么你就把定位点选取在他坐的那块区域，在这块区域中再找五个小的定位点来承载这五个小点。

如果你还想谈三点关于努力的看法，就把"努力"联想到墙上挂的标语（标语一般用于鼓励人、激励人努力）上，在标语这块区域再找三个定位点来承载关于努力的三个看法。

按照这样的思路，当上台讲话时，你就可以根据定位的路线，从容不迫地把想要表达的内容娓娓道来。哪怕忘记了某一点，也不会影响你后面要表达的要点。我就经常用这种方法，讲话时基本上不会忘记要讲的重点，而且内心会感到很踏实，有一种胸有成竹的感觉。你也用这种方法演练一下吧。

### 作者的经验分享

在实用记忆中，我用场景定位法的次数非常多。用它不需要绘图，也不需要找配图，直接在大脑中搜索过去的经历来匹配所记信息就可以了，这也是我们所说的以熟记新。运用的时候，基本上记忆和理解都能同步进行。

为什么我反复强调记忆过程中尽可能结合理解呢？因为只有深度理解过的事物才能做到迁移和触类旁通，知识与知识之间才有更多的联结，形成知识体系，才能让我们更有智慧。

## 让我来试试

### 1. 温故而知新

（1）初唐四杰分别是？

（2）八大古都分别有哪些？

（3）八仙过海中的八仙是？

### 2. 记忆经典语句

有志者事竟成，破釜沉舟，百二秦关终属楚；

苦心人天不负，卧薪尝胆，三千越甲可吞吴。

尝试用右边给出的这个场景，选两个定位点来记忆这句话。

## 第十一节　绘图记忆法

绘图记忆法，就是通过绘图的方式来帮助记忆。

我们都有过这样的经历，在看一部小说或一篇文章时，大脑中会根据它描述的情景形成隐隐约约的画面，这个画面在大脑中并不清晰，但如果拍成了电视剧，就会一目了然。

和朋友聊天时，朋友说他去过什么景点，哪怕他描绘得细致入微，你头脑中也不清楚这个景点是怎样的。但给你看一张照片，你立刻就非常清楚了。

做数学题时，想了半天也做不出来的题，在草稿纸上画一画，很快就能得出答案。所以，图画有助于理解，理解了也就意味着记得更牢。这也是各类教材上会有很多配图的原因之一。

很多人理解的绘图记忆就是把所记内容的意思画出来。但我们要讲的绘图记忆法不仅要画出意思，而且图画里面还要有定位点，有一些联想的技巧，甚至还可以有一些隐喻等。更重要的是，画完后的整幅图要有一定的意义，看起来不是杂乱无章的。

有人说自己不会画画怎么办呢？其实完全不用担心，我们在幼儿园时所学的画画技巧就够用了。很多时候，只需要画出简笔画，甚至连颜色也不需要，不要求美观，只要能帮助记忆就行。如果需要分享和传播，添加一些颜色，画得美观一些当然更好。

## 小试牛刀

绘图记单词

cannon [ˈkænən] n. 大炮；v. 碰撞

图画的意思：能（can）把这么坚固的三扇门（nnn）打出一个洞（non），只有大炮了。炮弹和门接触的一瞬间，肯定要发生碰撞！

说明：画图时，考虑了整幅图的含义。同时，结合了单词的拆分“can+non”和单词的意思“大炮”与“碰撞”。

boast [bəʊst] n. 夸耀；v. 自夸

图画的意思：站在船（boat）上的 s 形身材的美女在自我夸耀。

说明：一幅图把“boat”“s”“自夸”融为一体。注意，美女所站的位置，代表“s”在 boast 中的位置。

使用绘图法记单词，当你画完图后，只需认真欣赏所画的图，再认真理解为什么这样画、代表了什么，或者在图上进行一些联想，这样就能把单词记得非常牢固。（单词的拆分方法和记忆技巧详见“05 英语单词全记牢”。）

### 应用范围

绘图记忆法常用于记忆简答题、古诗词、文言文、现代文、生字、英语单词、名言名句、公式、各类零散知识点等。

## 使用要点

（1）先分析和理解所记内容，根据所记内容的大致意思来绘图。

（2）将抽象文字转化为图画，参照“02 超级记忆法的万能公式”第一节中的“图像化”。

（3）不要被不会画画束缚住，随便画几笔，能辅助记忆即可。

（4）画出所记内容的关键部分即可。

## 实战应用

### 1. 绘图记古诗

**芙蓉楼送辛渐**

【唐】王昌龄

寒雨连江夜入吴，平明送客楚山孤。

洛阳亲友如相问，一片冰心在玉壶。

译文：一夜的凄风冷雨洒遍整个吴地，清晨送别朋友，连楚山也显得凄清孤单。若是有洛阳的亲友问起我的消息，就说我依然冰心玉壶，坚守信念！

根据古诗的大意，构思出整幅图的情景。然后按照一定的顺序，把每一句画出。

①寒雨连江夜入吴

画出雨水洒在江水里，江水像进入了吴地。

②平明送客楚山孤

画出早上送客的场景，后面再画一座楚山，显得格外孤独。

③洛阳亲友如相问

画出洛阳的亲友发问的画面。

④一片冰心在玉壶

画一颗冰心在壶上即可。

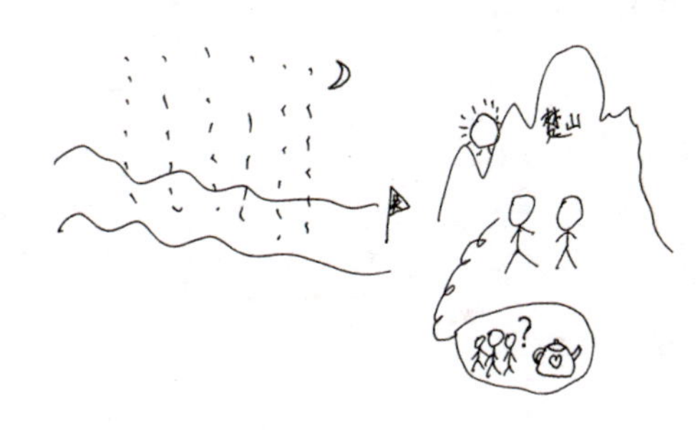


一分钟画完的简单版

将图画简单一点就不会占用太多时间。接下来还有一个重点，不看图还原出每一句诗句，挑战顺背和倒背。对于个别遗漏的字，再着重加深一下印象即可。

## 2. 血液的组成

血液由血浆（约占血液总量的 55%）和血细胞（包括红细胞、白细胞、血小板）组成。

我们只需画出血液分层图（一般生物书上也会有配图），在图上稍加联想就能记牢。

如右图所示，上层淡黄色部分表示血浆，下层红色部分表示红细胞，中间部分为白细胞和血小板。可简单联想：中间用了一块白（白细胞）板（血小板）把它们隔开了。

### 3. 生物圈的水循环

海洋水和陆地水蒸发以及植物的蒸腾作用散发出的水分在空中形成云，通过降水返回地表或海洋。一部分地表水渗入地下，地表水和地下水都有一部分流入海洋。这样循环往复，形成生物圈中的水循环。

这种类型的知识点用绘图法来记忆和理解再好不过了。首先提取关键字词（上面的红色字体），厘清它们之间的关系，构思出整体的布局后再绘图，绘图时可以结合一些联想技巧，如下图所示。

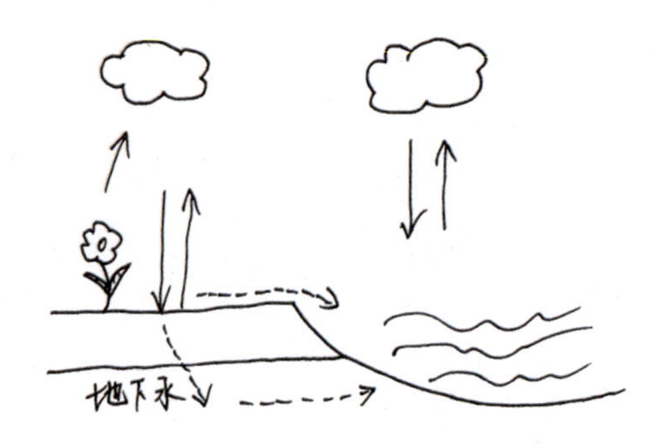


一分半钟画完的简单版

画完后，认真理解图画的意思或总结一些规律，比如这里有“三上三下”的规律：陆地水、海洋水、植物的蒸腾为“三上”，降水返回地表、海洋以及渗入地下为“三下”。

最后，闭上眼睛，大脑中想着画面，把主要内容复述一遍吧。不用一字不落，只需要把大概意思说出来即可。

**作者的经验分享**

绘图记忆法非常适合学生用来辅助记忆各学科的内容。在教学中，有时学生们不能想象出我所表达的画面，我就会画在黑板上，学生们瞬间豁然开朗。很多难记的知识点，我也会让学生们画出来，这有助于他们理解和记忆。

以前看到有些学生绘图记忆时，把所记内容的每个词分别画出来，每个图都是独立的，其实这样的记忆效果并不好。**据研究发现，当人们看到一幅图画时，他们倾向于记住这幅画的整体意义。**所以，图画也需要组块化，有整体意义的图画才有助于理解和深刻记忆。

绘图过程中，能调动多感官参与到记忆中，提升专注力，让大家在放松的状态下就记住了各类知识点，同时，也能培养艺术细胞。如果缺乏图像想象力，那么画图是锻炼想象力的一种较好的方式。

## “四大亲兄弟”的对比

由记忆宫殿法衍生出的方法都会涉及定位（定桩）。我们可以发现，物体定位法、配图定位法、场景定位法、绘图记忆法都比较相似，所以把它们叫作“四大亲兄弟”，而“记忆宫殿法”就是它们的母亲。

通过下面的表格，来了解它们的共同点与不同点。

| 对比项 | 记忆宫殿法 | 物体定位法 | 配图定位法 | 场景定位法 | 绘图记忆法 |
| --- | --- | --- | --- | --- | --- |
| 特点 | 一个空间 | 一个物体 | 一幅图 | 大脑中的一个场景 | 一幅图 |
| 运用时的特点 | 直接想象 | 直接想象 | 要有配图 | 直接想象 | 要有纸笔 |
| 是否需要定位 | 是 | 是 | 是 | 是 | 有时需要 |
| 可承载的信息量 | 多 | 较少 | 较少 | 多 | 较少 |
| 定位桩和所记内容意思的匹配度 | 低 | 一般 | 较高 | 较高 | 较高 |
| 常用场合 | 竞技记忆 | 实用记忆 | 实用记忆 | 实用记忆 | 实用记忆 |

### 让我来试试

1. 温故而知新

（1）大炮和自夸的单词分别是？

（2）血液的组成是？

2. 绘图记忆下面的古诗

**暮江吟**

【唐】白居易

一道残阳铺水中，半江瑟瑟半江红。

可怜九月初三夜，露似真珠月似弓。

译文：傍晚时分，快要落山的夕阳柔和地铺在江水之上。晚霞斜映下的江水看上去好似鲜红色，而绿波又在红色上面滚动。九月初三这个夜晚多么可爱啊，岸边草、树叶上的露珠像稀少的珍珠一样，而升起的一弯新月像一张精巧的弯弓。

## 第十二节　万事万物定位法

只要是我们熟悉的事物，都可以选为定位系统，包括熟悉的人、事、物、图像、文字和空间等，我们把这种方法称为万事万物定位法。

根据各种定位法的思路可以发现，比喻、类比、举个例子都是定位法的一种体现，相当于一个小型的定位法。举例如下。

“弟弟的脸蛋像苹果一样又圆又红”，定位的物体就是苹果，苹果上承载的信息就是弟弟的脸蛋。

“弟弟的脸蛋像太阳一样，通红通红的”，定位的物体就是太阳。

“弹指之间”，意思是时间极其短暂，定位的物体就是手指。

所以，定位法的这种思路无处不在，关键在于要找到一个熟悉的、适合的定位事物。掌握了这种思路，就能驾驭万事万物定位法。

## 实战应用

### 1. 儒家经典“四书”

还记得前面用口诀记忆的“四书”吗？口诀是“梦中大雨”。如果用万事万物定位法还能怎样记呢？由“四书”我想到了“幼儿园、小学、中学、大学”作为定位。

幼儿园——《孟子》，联想：幼儿园上课时总是打瞌睡、做梦（孟子）。

小学——《论语》，联想：我们小学时就听过论语中的“学而时习之，不亦说乎”。

中学——《中庸》，联想：两个“中”。

大学——《大学》，无须联想。

### 2. 性格色彩

性格色彩分别用红、蓝、黄、绿四色代替人的性格类型。

红色性格：阳光心态，积极快乐；
蓝色性格：执着有恒，坚持到底；
黄色性格：求胜欲望，战胜对方；
绿色性格：中庸之道，稳定低调。

只需选唐僧师徒四人作为定位，就非常容易记忆和理解。认真想想他们四人的性格，基本上就能理解这四种性格的特点，性格特点不用记，理解和感受更重要。四人的性格和对应颜色如下。

唐僧——蓝色性格，联想：唐僧望着天空（蓝色）中的观音菩萨。

孙悟空——黄色性格，联想：在我们的印象中，孙悟空很多时候都穿着黄色的衣服。

猪八戒——红色性格，联想：猪八戒背媳妇，身穿红色喜庆的衣服准备结婚。

沙僧——绿色性格，联想：沙僧挑着担子，跋山涉水，经过了很多草地（绿色）。

### 3. 四大文明古国

四大文明古国，是关于世界四大古代文明的统称，分别是古巴比伦、古埃及、古印度和中国。

**记忆方法**

我们应该都听过埃及金字塔，所以选金字塔来定位。想象金字塔（埃及）顶印（印度）了一个轮（古巴比伦）子上去，如下图所示。这里只有金字塔顶一个定位点，所以也可以理解为这是一个故事法。（中国不需要刻意记，简单理解即可。）

**让我来试试**

### 1. 温故而知新

（1）儒家经典“四书”是?

（2）唐僧师徒四人对应的性格颜色是?

（3）四大文明古国是?

### 2. 比喻练习

比喻的三要素有本体、喻词、喻体。其中，喻体就相当于定位桩，可以承载信息。很多时候，万事万物定位法中需要用到比喻或类比的技巧，比喻做得越好，联想就越少。接下来拿自己来做一些比喻吧！

我就像水里的鱼一样，只有 7 秒钟的记忆。（定位桩：鱼）

我的思维就像耳机线一样，不知不觉就绕在了一起，非常凌乱。（定位桩：耳机）

我的心情就像大海一样，时而风平浪静，时而波涛汹涌。（定位桩：大海）

我________________________________________

我________________________________________

我________________________________________

## 第十三节　举例联想法

什么？举个例子也能叫记忆法？当然！而且这是一种非常实用的方法。举例联想法准确来说应该是“举例 + 联想记忆法”，它是以一个具体的例子作为大背景，在这个背景里再结合一些联想，具有“理解中有记忆，记忆中有理解”的神奇效果。

“举例”“打比方”“做个类比”，都是把抽象的事物具体化、清晰化、形象化，用相对容易理解的实例来阐述，所以它们也符合记忆法的原理。

**举例联想法的强大之处在于把记忆、理解、应用融为了一体。**因为在举例的过程中，基本上要把所记的知识点应用到一个具体的案例中，而故事法、定位法不一定能做到应用这一步。

## 实战应用

### 1. 目标管理（SMART 法则）

SMART 法则（S=Specific、M=Measurable、A=Attainable、R=Relevant、T=Time-bound）是目标管理的一种方法，意思是我们设立的目标要明确（S）、可量化（M）、可实现（A）、有相关性（R）、有时限（T）。常用于管理者的绩效考核、目标设立与实施等。

如果我们知道每个单词的意思，直接用“SMART”单词就记住了这五项内容，相当于熟语定位法。

如果要用举例联想法，该如何记忆呢？首先要确定一个具体的例子，比如由目标二字想到了箭靶，于是用“射箭”这个事件作为“大背景”，在这个事件中结合一些联想来记住这五项内容。

**记忆方法**

射箭的时候，都想射中中心（记住目标明确）。除了中心，外面还有好几环，射中的环数不同，成绩就不同（记住可量化）。只要努力训练，就很有可能射中中心（记住可实现）。教练给了这位选手一年的时间训练（记住有时限），只要成绩好，就让他带队或者去参加比赛（记住有相关性，训练好了和比赛或带队相关）。

为了让大家更容易理解 SMART 法则，我们再看一个应用。假如你想成为记忆高手，该怎么做呢？

| SMART 法则 | 总目标：成为记忆高手 | |
|---|---|---|
| 明确目标（S） | 竞技记忆（又可分为很多小目标） | 实用记忆（又可分为很多小目标） |
| | 目标之一：5 分钟能记忆 300 个随机数字 | 目标之一：背 3000 个新单词 |
| 可量化（M） | 以 5 分钟为标准，检测记忆数字的数量 | 以时间或单词个数作为量化标准，如 1 小时记 100 个单词 |
| 可实现（A） | 从很多记忆训练选手的情况来看，可以实现 | 有很多记忆高手做到过，可以实现 |
| 有相关性（R） | 练习数字基本功，和成为记忆高手有较强关联 | 用记忆法背单词，本身也是一种训练，和成为记忆高手有较强关联 |
| 有时限（T） | 100 天，每天训练 2 小时 | 6 天，每天 500 个 |

大家可以选一个近期想要完成的目标，比如跑步、减肥、背一本书等，用 SMART 法则来制订计划吧！

### 2. 七问分析法（5W2H）

5W2H 分析法又叫七问分析法，它广泛应用于设计构思、问题的分析和决策等方面，让我们能更快、更准确地抓住问题的本质和找出解决问题的方法，有助于我们全面考虑问题，避免疏漏。

发明者用五个以 W 开头的英语单词和两个以 H 开头的英语单词进行设问，分别为：

（1）What——是什么？目的是什么？做什么工作？

（2）Why——为什么要做？可不可以不做？有没有替代方案？

（3）Who——谁？由谁来做？

（4）When——何时？什么时间做？什么时机最适宜？

（5）Where——何处？在哪里做？

（6）How ——怎么做？如何提高效率？如何实施？方法是什么？

（7）How much——多少？做到什么程度？结果如何？质量水平如何？

观察可以发现，可以重新排序。调整为我们熟悉的时间、地点、人物，是什么、为什么、怎么做，最后加上程度。重新排序后，不用举例大家就已经能记住了。不过为了做举例联想法的示范，这里以画黑板报作为举例的“大背景”，在这个事件里联想记忆。

## 记忆方法

在考试前（记住时间——When），你（记住人——Who）在教室里（记住地点——Where）画黑板报（记住是什么——What），目的是让教室里更丰富多彩（记住为什么——Why），你准备一个人做（记住怎么做——How），做到让老师、同学们满意（记住程度——How much）。

举例联想法毕竟属于记忆法，所以联想过程还是要尽量精简。如果要用 5W2H 分析法来解决问题，需要让思维发散，找到更多可行方案。我们还是以画黑板报为例，假如班主任让你来负责这周的黑板报，你就可以做如下分析。

①时间（When）：什么时候开始？什么时候完成？课间做还是中午做？

地点（Where）：教室。黑板是否能拆下来拿回家做？

人（Who）：需要多少位同学？由哪些同学来做？

②是什么（What）：黑板报是一种可传阅观赏的报纸的另一种形式，也是一种群众性的宣传工具。

为什么（Why）：丰富同学们的课余生活，让大家更热爱生活、热爱学习、善于思考、善于发现、大胆创作。

怎么做（How）：人员怎样协调，如何发挥每个同学的优势？需要多少种不同颜色的粉笔、多少把凳子？遇到捣乱的同学该怎么办？

③结果或程度（How much）：黑板报要做到什么样的程度？艺术性、观赏性、创造性、内容质量如何？是否能让同学们和老师眼前一亮？

经过 5W2H 分析后，相信你一定能策划和完成好这次黑板报。

### 让我来试试

1. 温故而知新

（1）“SMART”分别是?

（2）“5W2H”分别是?

2. 用 5W2H 分析法来分析让你觉得棘手的问题吧!

## 第十四节　思维导图记忆法

思维导图是一种以促进思维激发和思维整理为目的的可视化非线性思维工具，由世界大脑先生、世界记忆锦标赛创始人东尼·博赞于 20 世纪 70 年代发明。

思维导图由六要素构成，分别是中心图、线条、关键词、插图、颜色、结构。很多人都听过思维导图，甚至在学习、工作中都用过，它能充分调动人们的左右脑机能，协助人们在科学、艺术、逻辑、记忆与想象之间平衡发展，从而开启人类大脑的无限潜能。

就记忆而言，思维导图能起到简化、分类信息等作用，使材料层级化、结构化、图像可视化。所以我们把它叫作思维导图记忆法。至于思维导图的绘制细则、思维激发、文章分析等内容更侧重于思维方面，这里就不展开分享了。

### 实战应用

1. 记忆年货

假设快过春节了，父母让你置办年货，有以下这些必买的年货。

春联、红包、糖果、瓜子、花生、福字、
中国结、灯笼、坚果、鞭炮、腊肉、烟酒、
红酒、茶叶、苹果、橙子、土豆、山药、
萝卜、木耳、蘑菇、扑克牌、麻将、排骨。

当然，写下来对照着买是最简单的方式。如果不想写，就可以运用思维导图中的分类和层级思维来记忆。相当于在大脑中呈现了一幅思维导图，画出来的效果如下图所示。

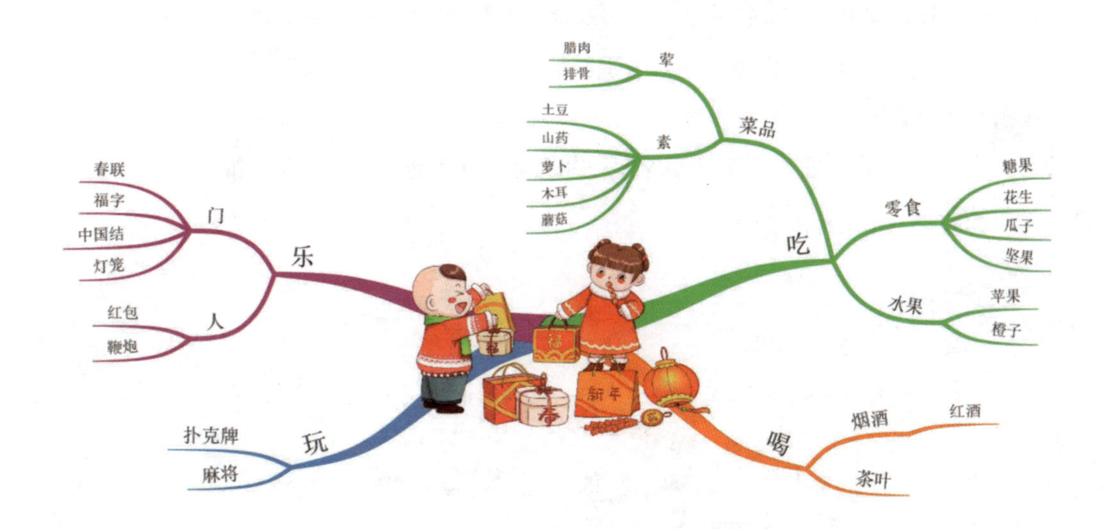


思维导图用来辅助记忆，可以是人为定义的分类，也可以是客观的分类。如果按照客观分类，逻辑性会比较强。而人为定义的分类，“逻辑”可以为“好记”让路。例如，“喝”后面严格来说不应该有烟，但烟酒往往是合在一起的，所以就不用分开；“乐”后面为什么是门呢？因为春联、福字等一般都是贴在门上或附近，“门”可以让春联、福字、中国结、灯笼组块到一起。

分成了吃、喝、玩、乐的大类后，只需记住每类或每个小类有多少个物品即可。买年货时，你会感觉思路清晰、心中有数，基本不会有什么遗漏。

### 2. 记忆《道德经》第十八章

大道废，有仁义；智慧出，有大伪；六亲不和，有孝慈；国家昏乱，有忠臣。

译文：大道被废弃了，才有提倡仁义的需要；聪明智巧的现象出现了，伪诈才盛行一时；家庭出现了纠纷，才能显示出孝与慈；国家昏乱的时候，才会出现忠臣。

理解大意后，发现讲的分别是道、人、家、国。想象“道”在人们心中，所以它比人“小”一点，“道、人、家、国”就有了从小到大的顺序，更有利于记忆。用思维导图分类后呈现效果如下图所示。

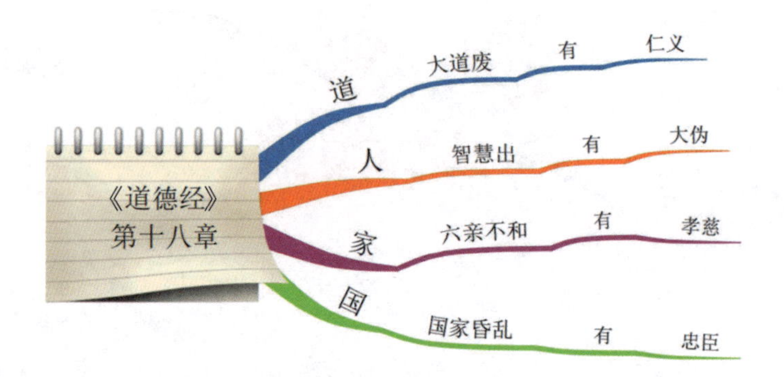


这里最重要的一步就是能提取出“道、人、家、国”，有了这四个类别作为支撑，就容易回忆出原内容。

## 让我来试试

1. 温故而知新

《道德经》第十八章的内容是?

2. 用思维导图的形式，把下面的词语做个分类。

老师、伤心、地球、愤怒、律师、卫星、
保安、医生、沮丧、太阳、体育老师、职业。

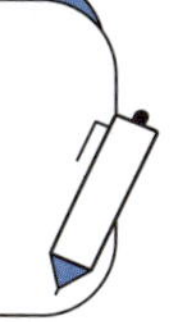

# 第十五节　情景记忆法

情景记忆法是指想象模拟出各种事件，通过身临其境去感受，以增强对事情的记忆的方法。它和故事法比较相似，但有不同，它不需要夸张的联想，只需要根据可能发生的事实做推演即可。一般用于工作、生活中的事件记忆，在学习上，非常适用于历史学科。

在大脑中模拟时，有两个关键要点：**第一，大脑中的线路一般是按照时间或空间的顺序进行的；第二，需要有身临其境的体验，想象你正在做这些事，假设遇到一些困难，你会怎么解决。**

被很多人认为是超级天才的尼古拉·特斯拉就拥有超强的想象力和模拟现实情景的能力。他在自传中写道：自己可以在大脑中模拟出自己游走在各个城市和国家，和那里的人成为朋友。他自己有近千项发明，很多项发明完全不需要借助任何模型、图纸或者实验，就能在脑海中把所有细节完美地描绘出来，和实际情况几乎没有差别。

当然，我们不需要拥有尼古拉·特斯拉一样的想象力，用我们已有的想象力，就能帮助我们记住更多的事物，激发思维，锻炼多角度考虑问题的能力，增强对未来的掌控力。

## 实战应用

### 1. 购物清单

白菜、牙刷、苹果、大米、指甲刀、
杯子、牛奶、书包、鞋子、垃圾袋、
葡萄、耳机、啤酒、梳子、吹风机。

在故事串联法章节已经分享过这些购物清单的记忆方法，现在尝试用情景记忆法来记忆。

#### 记忆方法

比如现在你要在家里记住这些物品，待会儿再出去买。

首先，大脑中按照由近到远的顺序预演一遍待会儿要走的路线。假如顺序是超市、水果店、菜市场、手机店、电器店、鞋店（鞋店和书包店合在一起记忆，一般都离得不远）。

预演了路线后，要想想在每个店里买什么，并要知道买的物品的个数。假如在超市里要买牙刷、指甲刀、杯子、牛奶、垃圾袋、啤酒，就记住要买六件物品。如果担心遗漏，再简单联想一下：把牙刷和指甲刀扔进了垃圾袋，牛奶和啤酒倒进了杯子。

走到水果店，买苹果和葡萄，记住要买两件物品就行。后面在商店里要买的物品也是用同样的记忆方法。

### 2. 出差或旅游前的物品检查

假如你现在准备一个人去三亚旅游三天，临走前，可以通过情景模拟来检查自己有没有少带物品。（这里的重点不是记忆，而是核对。）

## 记忆方法

首先，对自己从上往下进行全身检查：帽子、与头发相关的物品、太阳镜、防晒霜、衣服、袜子、鞋子等，从上往下的顺序很重要，避免遗漏。

其次，在门上绑定一句话，叫作“伸手要”（身份证、手机、钥匙）。只要是出门，伸手关门那一刻，就会想到“伸手要”，坚持几天就很容易养成习惯。出远门时，手机上再绑定四样物品——“耳干充充”（耳机、自拍杆、充电宝、充电器）。

以后出远门，都在大脑中想一下“伸手要”“耳干充充”是否带了。

接着，想象自己出门后的情形，肯定要坐飞机（检查来回机票），下飞机后的路线及住宿是否安排好。

最后，想到自己去海边游玩的情形（检查是否需要泳衣、沙滩鞋、应急药物等）；玩耍时，饿了怎么办（是否需要带零食）；是否要做一些其他事（检查做这些事应带的物品）。

按照以上时间和空间顺序在大脑中过一遍，遗忘的概率就比较低了。

## 让我来试试

用情景模拟的方法做一个明天的详细计划。在脑海中仔细模拟明天每小时你可能会做哪些事情，同时，把明天必做的一些事项也模拟一下，确定什么时间做，在哪里做，具体画面是怎样的，你的感受是怎样的……

# 应用篇

背诵是记忆力的体操。

——列夫·托尔斯泰

俗话说“得语文者得天下”，无论是基础教育还是中高考，语文的地位都相当重要。语文要想考得好，基础背诵少不了。本章将分享语文中的字词、文学常识、诗词、文言文、现代文的记忆方法，让我们在语文的记忆中更加轻松、高效。

## 第一节　字词的记忆

### 一、汉字的记忆

现在大家使用电子设备越来越多，写字越来越少，这就导致经常提笔忘字。如果通过记忆方法对汉字进行精细化加工，自然会让我们记得更牢。

例如，学习“笔”字的字形，可以通过机械地重复书写来达到记忆字形的目的，也可以采用精加工的方法来记住。“笔”字的上面是“竹”字，下面是“毛”，联想到毛笔上面的笔杆是竹子做的，下边的笔头是用毛做的，这样是不是很容易记住呢？

汉字分为音、形、义的记忆，最完美的记忆方法就是把它的音、形、义都包含在联想中，一箭三雕。比如“休”，联想为一个人靠在树（木）下休息，所以读“xiū”。这里面就包含了字形（单人旁＋木）、字音（xiū）、字义（休息）。当然，有时没有这么完美的联想，但至少也要包含字形和字音。

具体怎样记呢？同样按照万能公式“简联熟”的步骤。

**第一步简化：**拆分成认识的偏旁，如“舡”，可拆分成“舟”和“工”。

**第二步联想到熟悉：**汉字的记忆都可以用故事法，把陌生的字拆分后联想到熟悉的读音上。如舡的读音为“chuán”，很容易想到“船”，因此联想为一叶小舟工作的时候就是船。（音、形、义都包含了。）

这是通用的步骤，联想时不用太夸张，像造句一样符合逻辑即可，同时在大脑中形成画面。

## 实战应用

（1）选出“玷”字的正确读音（　　）。

A. zhàn　　B. diàn　　C. zhān

联想：土地被占了，用来修变电站。

正确答案：B。

（2）选出“劢”字的正确读音（　　）。

A. wàn　　B. lì　　C. mài

联想：万分努力，终于在学习上迈（mài）出了一大步。（音、形、义都已包含，劢就是努力的意思。）

正确答案：C。

### 三叠字

下面列举一些较为生僻的三叠字给大家做联想参考。大家可以挑战只看一遍，然后遮住拼音，回答出每个字的读音。

| 三叠字 | 单字 | 联想 | 释义 |
| --- | --- | --- | --- |
| 焱 [yàn] | 火 | 三团火焰，火焰大 | 火花；火焰 |
| 麤 [cū] | 鹿 | 三只小鹿的脖子都很粗 | 同“粗” |

续表

| 三叠字 | 单字 | 联想 | 释义 |
|---|---|---|---|
| 劦 [xié] | 力 | 三人齐心协力 | 同“协” |
| 刕 [lí] | 刀 | 把梨切了三刀，分给小朋友吃 | 一种姓氏 |
| 叒 [ruò] | 又 | 老师：你又又又欺负弱小的同学啦？ | 同“若” |
| 垚 [yáo] | 土 | 摇摆几下，你身上的泥土就掉了 | 山高的样子 |
| 壵 [zhuàng] | 士 | 这些士兵都很强壮 | 同“壮” |
| 骉 [biāo] | 马 | 几匹马跑得太快了，就像飙车一样 | 许多马跑的样子 |
| 姦 [jiān] | 女 | 监狱里的那三位女士太奸诈了 | 同“奸” |
| 孨 [zhuǎn] | 子 | 妈妈给三个孩子转了钱 | 谨慎；懦弱；孤儿 |
| 尛 [mó] | 小 | 小小年纪就应该多磨炼 | 同“麽” |
| 犇 [bēn] | 牛 | 斗牛场的几头牛都在奔跑 | 同“奔” |
| 赑 [bì] | 贝 | 沙滩上的三个贝壳闭门不出 | 传说中的动物，像龟 |
| 毳 [cuì] | 毛 | 鸟身上的几根毛太脆弱了，很容易就掉了 | 鸟兽的细毛 |
| 歮 [sè] | 止 | 止了三次牙龈出的血，嘴里仍然感到苦涩 | 同“涩” |
| 惢 [suǒ] [ruǐ] | 心 | 给“花蕊”的心上把锁 | [suǒ]：疑虑；善<br>[ruǐ]：沮丧的样子；古同“蕊” |
| 掱 [pá] | 手 | 扒手（小偷）的别称就是“三只手” | 扒手 |
| 瞐 [mò] | 目 | 目视对方，含情脉脉 | 美目；目深 |

续表

| 三叠字 | 单字 | 联想 | 释义 |
|---|---|---|---|
| 畾 [léi] | 田 | 三块田里都埋了雷，敌人不敢靠近 | 古代一种藤制的筐子 |
| 皛 [xiǎo] | 白 | 三个小白都在向老师请教问题 | 皎洁，明亮 |
| 嚞 [zhé] | 吉 | 哲学家都希望自己大吉大利 | 同“哲” |
| 舙 [huà] | 舌 | 舌头多了说的话也多 | 搬弄是非；同“话” |
| 聶 [niè] | 耳 | 用镊子掏耳朵 | 附耳小语；姓 |
| 羴 [shān] | 羊 | 羊肉有膻味 | 同“膻” |
| 譶 [tà] | 言 | 军训踏步时，教官发言“一二一” | 说话快 |
| 轟 [hōng] | 車 | 三台跑车同时发动，声音轰轰作响 | 同“轰” |

## 二、易错字词及易错读音的记忆

易错字词和易错音是语文考试中必考的内容，为什么容易出错呢？第一，我们的直觉或生活经验告诉我们它就是那样的，但实际上不是；第二，相近的字词和读音对正确答案造成了干扰，导致很多人分不清哪个是正确答案。如果用记忆法，很轻松就可以搞定这些易错内容。

用什么记忆方法呢？按照万能公式“简联熟”的步骤，可以省略简化这一步，直接进行“联想到熟悉”这一步。“熟悉”的内容也有好坏之分，通俗来说，就是你找的熟悉内容是“神队友”还是“猪队友”。如果找的是“神队友”，便能一遍记牢；如果不是，可能隔一段时间就忘了。

针灸的“灸”正确读音是“jiǔ”，很多人以为是“jiū”。我们要找熟悉的“队友”来辅助记忆。

**神队友：**酒（jiǔ）。联想：针灸的时候，要先涂抹酒精消毒。（“酒”和“灸”为同一个读音。）

**神队友：**九（jiǔ）。联想：针灸的时候，我被扎了九针。

**神队友：**“ˇ”倒八字。联想：“ˇ”形状和“jiǔ”三声的形状相似。针灸时，同一个地方扎了两根针，呈“ˇ”形。

针灸时涂抹酒精消毒

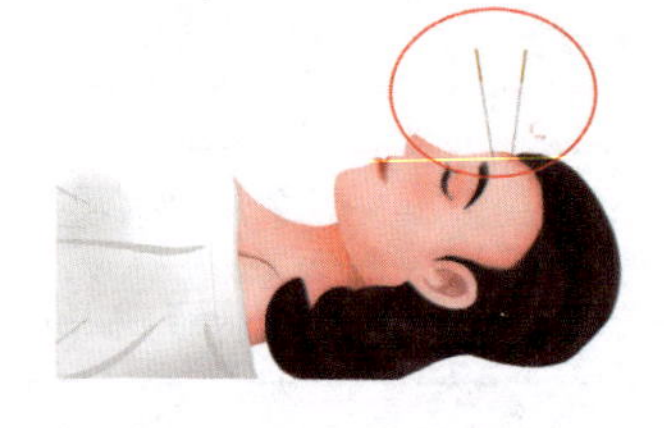

“ˇ”形

**一般队友：**韭（jiǔ）。联想：吃了韭菜过敏，要去针灸。

**差队友：**救（jiù）。联想：针灸时被扎疼了，大呼救命。（不是同一个声调，不利于正确回忆。）

**猪队友：**纠（jiū）。联想：生病了，我很纠结，要不要做针灸。（纠的声调是一声，很容易回忆成错误的读音 jiū。）

所以可以发现，记忆法不仅仅是编个故事，这里面也有技巧以及不同的联想方式，联想不同，记忆效果完全不一样。接下来一起来实战应用吧。

## 实战应用

（1）骰子的“骰”的正确读音是（　　）。

A. shǎi　　B. tóu　　C. gǔ

80% 以上的学生都会选错，它和色（shǎi）子是一个意思。

联想：下飞行棋，要投掷骰子。（熟悉的队友：投掷）

正确答案：B。

（2）选出下面正确的成语（　　）。

A. 平心而论　B. 凭心而论　C. 品心而论

意思是平心静气地给予公正评价，而不是凭良心而论。

联想：清官断案总是对平民百姓平心而论。（熟悉的队友：平民百姓）

正确答案：A。

（3）选出下面正确的成语（　　）。

A. 关怀备至　　B. 关怀倍至

意思是关心得无微不至。

联想：刘备对关羽和张飞关怀备至。（熟悉的队友：刘备）

正确答案：A。

（4）框架的“框”正确读音是（　）。

A. kuàng　B. kuāng

意思是事物的基本组织、结构。

联想：小明今天旷（kuàng）课了，他说他早已掌握了各个科目的知识框架。（熟悉的队友：旷课）

正确答案：A。

## 让我来试试

### 1. 记忆下面的生僻字

畦（qí），联想记忆：一块田刚好对齐两块土地。

芏（dù），联想记忆：把土上的草（艹），吃进了肚子里。

钆（gǎ），联想记忆：＿＿＿＿＿＿

忺（xiān），联想记忆：＿＿＿＿＿＿

### 2. 记忆下面易错的读音

氛（fēn）围，不读（fèn），联想记忆：老师讲课的氛围很好，评委给老师打100分。

鼻塞（sè），不读（sāi），联想记忆：鼻塞了，浓鼻涕呈黄色。

坐骑（qí），不读（jì），联想记忆：＿＿＿＿＿＿

芝麻糊（hù），不读（hú），联想记忆：＿＿＿＿＿＿

这些正确答案都和我们平时生活中读的不一样，考试时怎么能答对呢？所以需要用到记忆法来做区分。

### 3. 记忆下面易混淆的字

食不果腹，不是食不裹腹，联想记忆：当你食不果腹时，就吃苹果充饥。

迫不及待，不是迫不急待，联想记忆：小明考试终于及格了，迫不及待地告诉妈妈。

出其不意，不是出奇不意，联想记忆：______

悬梁刺股，不是悬梁刺骨，联想记忆：______

参考答案

1.

尕（gǎ）——参考联想：梳偏分头（丿）的老虎（王），学鸭子叫：嘎嘎嘎。

忺（xiān）——参考联想：心（忄）里感到亏欠别人，先赔礼道歉。

2.

坐骑（qí），不读（jì）——参考联想：先坐在马上，再骑（qí）着走。

芝麻糊（hù），不读（hú）——参考联想：家家户户都在吃芝麻糊。

3.

出其不意，不是出奇不意——参考联想：我对其他人说的话，总是出其不意。

悬梁刺股，不是悬梁刺骨——参考联想：悬梁刺股，居然为了炒股。

## 第二节　文学常识的记忆

文学常识指涵盖文化的各种问题，包括作家、年代、作品、文学中的地理、历史各种典故、故事，也包括人们众所周知的文学习惯，可以说包罗万象，文学常识积累得越多，知识面就越广。无论是平时的交流还是写作文，都可以引用文学常识，在学习、生活和工作中，处处都会为我们加分，甚至去参加一些知识类竞赛的挑战，也不成问题。

文学常识的记忆一般用故事法或者配对联想法就可以轻松拿下，一起来试试吧！

## 实战应用

### 1. 冰心作品

冰心，原名谢婉莹。她的作品有《繁星》《超人》《春水》《寄小读者》《再寄小读者》《三寄小读者》《樱花赞》《小桔灯》《冬儿姑娘》《南归》《去国》《闲情》《往事》《姑姑》《归来以后》。

**【记忆秘诀】故事法**

记忆前，根据故事情节的需要，进行排序简化。这里有 15 部作品，编的故事太长不利于记忆，按照魔力之七原则，我们分成两个场景来记忆。

**场景一的故事：**超人准备去国外寄送冰心的三本书（《寄小读者》《再寄小读者》《三寄小读者》），晚上点着小桔灯也要赶路，终于寄给了叫冬儿姑娘的小读者，她读完后觉得非常棒，给冰心点赞（樱花赞）。

记完故事，其实还不一定记得牢。大脑中要有一个顺序和结构，就是记住“2+1+2”的结构，去之前是《超人》和《去国》，路途中是《小桔灯》，到达后是《冬儿姑娘》和《樱花赞》，再加全程寄送的三本书，一共记住八部作品。故事情节是我们回忆的关键线索，如果情节很乱，就不利于记忆了。

**场景二的故事：**冰心晚上有闲情雅致坐下来看天空，看到繁星就想起了往事，什么往事呢？原来是姑姑往南边去（南归）打了一桶水（春水），归来以后累得气喘吁吁。

冰心坐下来看天空可记住三部作品，姑姑所做的事可记住四部作品，一共七部作品。在这两个故事场景里，我们就记住了冰心的十五部作品，尝试背诵一遍吧！

### 2. 年龄称谓

年龄称谓是古代指代年龄的称呼，古人的年龄有时候不用数字表示，而是用其他称谓来表示。比如有个人说他到了而立之年，就是指他三十岁了。

年龄和称谓相当于两个信息，直接用配对联想法即可。很多记忆爱好者在记忆这种数字类信息时，把年龄全部转化为数字编码，其实不一定要转换成数字编码。

比如 60 岁转化为“榴莲”或“一位老人”，哪个更好呢？这里如果没有 61 岁、62 岁、63 岁的干扰，我觉得转化为一位老人更好，因为大部分人对于 60 岁的心理表征就是一位老人，或者是一个过六十大寿的场景。所以，对于数字类信息的记忆，数字的转化可以灵活处理。

| 年龄 | 称谓 | 配对联想 |
|---|---|---|
| 未满周岁 | 襁褓（qiǎng bǎo） | 婴儿太可爱了，大家都抢着抱他 |
| 2~3 岁 | 孩提 | 小孩提不动重物（由提不动重物，锁定 2~3 岁） |
| 10岁以下 | 黄口 | 小朋友，要实话实（10）说，不要信口雌黄 |
| 13 岁 | 豆蔻年华 | 豆蔻是药材，由药材想到医生（13） |
| 15 岁 | 及笄（jī）之年 | 这里用举例联想法，脑海中搜索一位 15 岁左右的女孩，想象她积极（及笄）回答问题（其实每个年龄段都可以用这样的方法，找一位你认识的、符合那个年龄的人来联想） |
| 20 岁 | 弱冠之年 | 大学生（锁定 20 岁）参加竞赛，以微弱优势夺冠 |
| 30 岁 | 而立之年 | 理解记忆，30 岁是很多人成家立业的年龄 |
| 40 岁 | 不惑之年 | 司令（40）打了很多胜仗，因为他没有疑惑 |
| 50 岁 | 知命之年 | 想到一位你认识的 50 岁左右的大叔，联想他年过半百，知道自己的命运 |

续表

| 年龄 | 称谓 | 配对联想 |
| --- | --- | --- |
| 60 岁 | 花甲、耳顺之年 | 六十大寿那天，寿星的耳朵像顺风耳一样，客人还没到就听到了他们的声音。宴席上，还有爆炒花甲 |
| 70 岁 | 古稀之年 | 记住诗句“人生七十古来稀”，或用“七夕节”辅助记忆 |
| 80 岁 | 杖朝之年 | 拄着拐杖上朝，给皇上描绘巴黎（80）铁塔的形状 |
| 80~90 岁 | 耄耋（mào dié）之年 | 老人家在家喜欢把帽子叠好，坚持叠了 10 年 |
| 100 岁 | 期颐（yí）之年 | 虽然 100 岁了，但他的棋艺（期颐）还是很高超的 |

20 岁以后的年龄转化为什么可以不用那么精确呢？因为后面的称谓都没有临近年龄的干扰。比如说到大学生，你肯定会想到 20 岁，而不会想到 30 岁或 15 岁。如果这里有 21 岁、22 岁的干扰，那就不能把 20 岁转换为大学生了。

再如上面把 80~90 岁也转化成了老人，会不会和 60 岁的老人混淆呢？基本不会，因为这两个老人在你头脑中的心理表征是有较大差别的。

接下来遮住称谓，看着年龄回答对应称谓吧！

### 3. 各类常识

（1）“爆竹声中一岁除，春风送暖入屠苏”，这里的“屠苏”指的是（　）。

A. 酒　　B. 庄稼　　C. 蔬菜

联想：喝多了，吐酒（屠酒→屠苏酒）。

正确答案：A。

(2)“黄河远上白云间,一片孤城万仞山”中的“仞”,一仞约相当于(　　)。

A. 一个成年人的高度　　B. 成人一臂的长度

联想:“一仞”谐音成“一人”,即一个成年人的高度。

正确答案:A。

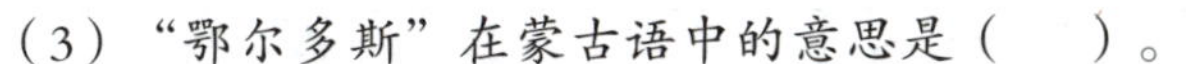

(3)“鄂尔多斯”在蒙古语中的意思是(　　)。

A. 大草原　　B. 美丽的地方　　C. 众多宫帐(宫殿)

联想:进入帐篷(宫殿),我耳朵(鄂尔多)旁就不会有蚊子嗡嗡作响了。

正确答案:C。

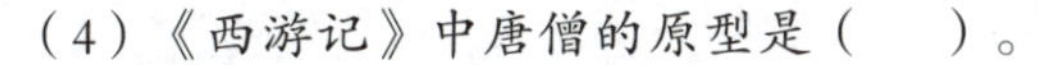

(4)《西游记》中唐僧的原型是(　　)。

A. 玄奘　　B. 鉴真　　C. 玄真

联想:真实的玄奘没有孙悟空的保护,只得小心翼翼,悬着一颗心脏去取经。

正确答案:A。

(5)拍电影时常用“杀青”来表示拍摄完成,“杀青”原指(　　)。

A. 戏剧　　B. 绿茶加工制作的第一道工序　　C. 一种蛇

联想:绿茶加工制作时,先要杀掉茶叶上青色的害虫。

正确答案:B。

(6)俗语说“化干戈为玉帛”，干、戈都是兵器，其中进攻的武器是(　　)。

A. 干　　B. 戈

“干”指盾牌，是防御兵器，“戈”是一种装有长柄的冷兵器，它主要用于啄击、钩杀和投掷。

联想：“戈”字有“钩子”，所以是进攻的兵器。

正确答案：B。

## 让我来试试

### 1. 温故而知新

（1）冰心的十五部作品有？

（2）20 岁、30 岁、60 岁、80 岁、100 岁的称谓分别是？

### 2. 记忆“三吏三别”

“三吏三别”即《新安吏》《石壕吏》《潼关吏》《新婚别》《无家别》《垂老别》，是杜甫的作品，深刻写出了民间疾苦及在乱世中身世飘荡的孤独，揭示了战争给人民带来的巨大不幸和困苦，表达了作者对倍受战祸摧残的老百姓的同情。

（小提示：可用故事法或口诀记忆法）

## 第三节　诗词的记忆

近几年，全国各个地方的中小学开始使用部编版教材，在部编版语文教材中，增加了大量的古诗词。这意味着同学们要背诵的古诗词更多了，在古诗词背诵的过程中就需要讲究方法和效率。

诗词的记忆和其他零散信息的记忆不同，诗词需要在理解的基础上来记忆，也就是理解占主导，记忆方法为辅。我曾经花了几天时间专门背了一本 300 多页的古诗词书籍，前 200 页用“理解 + 记忆法”的形式背诵，后面 100 多页就用各种方法记忆。经过对比发现，记得牢、记得快、有利于理解的方法有以下几种。

（1）场景定位法；（2）配图定位法；（3）绘图记忆法；（4）意境想象法。

以上方法有一个共同点，就是都需要借助画面，只是画面的呈现方式不同。古诗词本身就自带画面感，所以用有画面的方法来记忆再好不过了。

有记忆爱好者说，他在网上看到过很多种方法，比如数字定位记古诗、人物定位记古诗、熟语定位记古诗、谐音记古诗等，问我可不可以这样记。我说：“你知道有这些方法就可以，一般用不上，用这些方法记忆不利于理解和赏析。方法不在多，而在于精，不怕千招会，就怕一招绝。”

古诗词的记忆步骤如下。

（1）大声朗读几遍，理解和赏析。只要是背诵性的内容，都需要读顺口，能够脱口而出是我们背诵的目标。

（2）选择记忆方法，挑战快速记住。

（3）修正与还原。对于个别不容易记忆或易混淆的字词，着重联想，加深记忆，通过画面还原出诗句。

（4）复习与输出。输出就是最好的复习，在生活和学习中多引用。

## 小试牛刀

古诗词的记忆就是文字与图像之间的转化，两者之间越吻合越好。我们先练习将图像转化为诗句。根据下面这些图，你能猜到是哪些古诗吗？

图一　图二

图三　图四

图一为李绅的《悯农》；图二为孟浩然的《春晓》；图三为骆宾王的《咏鹅》；图四为王之涣的《登鹳雀楼》。如果你对这几首古诗还有印象，把它们都背诵一遍吧。

### 顺口记忆

把词句背诵得非常流畅，我把它叫作顺口记忆，它不仅限于顺口溜和口诀，只要是能脱口而出的内容都可以叫顺口记忆。对于背诵性的内容，衡量记得牢固的标准就是背得是否顺口，比如背诵古诗、古文、现代文、英语文章等。

顺口记忆不一定要通过死记硬背达到，我们可以借助各种记忆方法，让背诵更快达到顺口的效果。比如死记硬背一首古诗，背 20 遍能做到顺口，而借助记忆方法，可能 6 遍就能背得顺口了。**极为顺口的记忆比图像记忆更牢固、更持久。**比如我说“床前明月光”，你能不假思索地说出“疑是地上霜”。

顺口记忆和理解之间的关系既相互促进，又可以独立“运行”。比如你尝试三秒钟背诵出《静夜思》，这就是依靠了顺口记忆，而在这三秒钟内你并没有去理解它，也不是通过理解背出来的。当然，在顺口背诵时，如果你的大脑中伴随着理解，那么会让记忆更深刻。

很多专家学者说，三岁以上的小朋友一定要多记多背，先储存在大脑中，到了一定的年龄自然会理解，这点我也非常认同。小朋友从小背得越多，长大后就越可能出口成章。我自己背诵《道德经》《大学》《中庸》《论语》《唐诗三百首》《三字经》《弟子规》等，除了做记忆展示外，最主要的原因还是想以身作则，能激励孩子一起背诵。

顺口记忆的内容长度也不是无限的，和口诀一样，需要分小段。大家可以以一首四句古诗的长度作为参照标准。比如你背诵一首八句的古诗，就可以分为两个顺口的小段来记忆，而这两个小段之间，又是通过理解、记忆法的画面联想以及顺口记忆把它们联系起来的。

对于背诵性的内容，在大脑中的保持情况可以分为以下三个阶段。

**第一阶段：**需要借助理解、图像和感觉回忆出原内容。背诵时磕磕绊绊，不顺口。哪怕能全部背出来，也不能算真正意义上的记住，还需要复习。

**第二阶段：**经过复习后，较为顺口。如果一两年不复习，就会变得陌生，能断断续续地想起一部分，但不能全部连贯地背诵。

**第三阶段：**不用借助理解、图像和感觉来回忆。已经背诵得极为顺口，哪怕十年没有复习，依然能脱口而出。

所以，**用记忆法背诵古文、诗词，不要每个字词都联想和转化，这样反而增加了记忆量。正确的方式是转化和联想文中的关键部分，剩余的字词借助理解和顺口记忆，即“理解 + 记忆法”。**

顺口记忆加理解后的逻辑线索才是我们背诵诗词、文章和古文的最终归宿，用记忆法的好处在于可以让你更快实现顺口记忆，以及给你一些回忆线索。这就像是为内容增加了一个隐形的保镖，不需要它的时候，它不会出现；背诵卡壳时，它立刻就能出现，为你的记忆和回忆保驾护航。

## 实战应用

### 1. 场景定位法

**钟山即事**

【宋】王安石

涧水无声绕竹流，竹西花草弄春柔。

茅檐相对坐终日，一鸟不鸣山更幽。

译文：山涧中的流水静悄悄地绕着竹林流淌，竹林西畔，那繁花绿草，柔软的枝条在春风中摇晃。我坐在茅屋檐下，对着钟山整整静坐了一天，都没有听见一声鸟叫，真是太幽静了。

大家可以选择自己经历过的有山或小河的场景，只要感觉和这首诗的画面有点相似就可以用来记忆。为了方便呈现画面，我们用下图的场景来定位记忆。从右往左的四个定位点分别是小河、竹子、茅屋、山。

看完这个场景，把每个定位点和每句诗对应起来，相信你很快就能记下来，甚至不需要过多联想。如果你自己选的场景和诗句的匹配度没有那么高该怎么办呢？那就要多发挥一些想象和联想。比如你选的场景里没有竹子，就想象小河边有竹子，水绕着竹子流淌。

记忆这首诗比较简单，就不详细讲解了，大家可以根据四个定位点自行联想记忆一遍，然后挑战顺背和倒背。

### 2. 配图定位法

**题秋江独钓图**

【清】王士祯

一蓑一笠一扁舟，一丈丝纶一寸钩。

一曲高歌一樽酒，一人独钓一江秋。

译文：戴着一顶斗笠，披着一件蓑衣坐在一只小船上，一丈长的渔线一寸长的鱼钩；高声唱一首渔歌，喝一樽酒，一个人在这秋天的江上独自垂钓。

如果语文课本或诗词书籍上有配图，可以直接用书上的配图。这里用了一幅和古诗意境相近的配图，在配图上选取四个定位点，如下图所示。

**记忆方法**

①斗笠：联想有一蓑、一笠、一扁舟，这里没有扁舟，就想象渔夫坐在一叶扁舟上钓鱼。

②鱼竿：不需要太多联想，很容易记住一丈丝纶一寸钩。

③渔夫的头：想象渔夫高歌一曲后喝酒。

④江：想象渔夫一个人在江上独自垂钓。

记完后再认真感受这幅配图的意境，甚至还可以想象自己在这里钓鱼是什么感受，这样印象会更深刻。挑战顺背、倒背一遍吧！

### 3. 绘图记忆法

**过零丁洋**

【宋】文天祥

辛苦遭逢起一经，干戈寥落四周星。

山河破碎风飘絮，身世浮沉雨打萍。

惶恐滩头说惶恐，零丁洋里叹零丁。

人生自古谁无死？留取丹心照汗青。

译文：回想我早年通过科举考试，被朝廷选拔入仕做官，如今战火消歇已熬过了四个年头。国家危在旦夕，恰如狂风中的柳絮，我一生坎坷，如雨中浮萍般时起时沉。惶恐滩的惨败让我至今依然惶恐，零丁洋身陷元虏可叹我孤苦伶仃。自古以来人都不免一死，我要留一片爱国的丹心映照史册。

八句比四句的诗稍微难记一些，先读两遍后，理解诗意。前两句诗人回顾平生；中间四句紧承“干戈寥落”，表达了作者对当前局势的认识；最后两句是作者对自身命运的一种毫不犹豫的选择。

根据你所理解的意思进行绘图，个别不好记的字词可以在绘图中着重体现。

## 记忆方法

上图是按照从左到右的顺序画的，不知大家有没有发现，所有的记忆方法我都在强调顺序和分块，这两点很重要。根据诗意，我画的图的意思是这样的：

“第一个文天祥”有着非常辛苦的遭遇，捡起一本经书看（辛苦遭逢起一经），而他旁边正在大动干戈，持续了四年，掉落了像火花一样的四颗小星星（干戈寥落四周星）；

“第二个文天祥”大脑中在想山河破碎的场景，大风里飘着柳絮（山河破碎风飘絮）；而他自己的身体浮浮沉沉，还被大雨拍打着（身世浮沉雨打萍）；

“第三个文天祥”站在黄色的沙滩上，快摔倒了，感到惶恐不安（惶恐滩头说惶恐），摔倒在零丁洋里后叹息（零丁洋里叹零丁）；

“第四个文天祥”死了也要把爱国的丹心拿出来（人生自古谁无死？留取丹心照汗青）。

绘图只需要呈现关键部分和难记的部分，如用黄色的沙滩辅助记忆惶恐滩。图中没有体现出的文字靠理解和顺口记忆。很多时候我们想不起一首古诗或一句话，不是因为没记住，而是缺少提取的线索，一旦别人给你提示两个字，你立刻就能想起整句话。所以，图画里的关键信息能起到提示作用。

挑战顺背、倒背一遍吧！

### 4. 意境想象法

意境想象法指的是大脑里根据诗词的意境来想象画面，画面里最好也选一些定位点来承载内容。前面提到过，定位点可以让我们的注意力更集中，记忆效果更好。

**声声慢**

【宋】李清照

寻寻觅觅，冷冷清清，凄凄惨惨戚戚。乍暖还寒时候，最难将息。三杯两盏淡酒，怎敌他、晚来风急？雁过也，正伤心，却是旧时相识。

满地黄花堆积，憔悴损，如今有谁堪摘？守着窗儿，独自怎生得黑？梧桐更兼细雨，到黄昏、点点滴滴。这次第，怎一个愁字了得！

译文：苦苦地寻寻觅觅，却只见冷冷清清，怎不让人凄惨悲戚。乍暖还寒的时节，最难保养休息。喝三杯两杯淡酒，怎么能抵得住傍晚的寒风急袭？一行大雁从眼前飞过，更让人伤心，因为都是旧日的相识。

园中堆积了满地的黄花，都已经憔悴不堪，如今还有谁来采摘？冷清清地守着窗子，独自一个人怎么熬到天黑？梧桐叶上细雨淋漓，到黄昏时分，还是点点滴滴。这般情景，怎么能用一个“愁”字了结！

通读理解后，根据意境，我们想象出两个场景，一个场景是李清照在家喝酒，找四个定位点，分别是李清照的眼睛、衣服、酒杯、窗户；另一个场景是窗户外的园子，找三个定位点，分别是黄花、窗户、窗户旁的梧桐树。

## 记忆方法

我们开始如下想象。

**场景一**

①眼睛。李清照到处看，好像在寻找什么，但找不到，感觉很凄惨（寻寻觅觅，冷冷清清，凄凄惨惨戚戚）。

②衣服。到了还寒时节，穿厚衣服，也难保养（乍暖还寒时候，最难将息）。

③酒杯。喝了两三杯酒，也抵挡不住寒风（三杯两盏淡酒，怎敌他、晚来风急）。

④窗户。看到窗外的大雁飞过，很伤心，感觉认识大雁（雁过也，正伤心，却是旧时相识）。

**场景二**

①黄花。憔悴的黄花掉了一地，没有人来采摘（满地黄花堆积，憔悴损，如今有谁堪摘）。

②窗户。李清照守着窗户，站了一整天（守着窗儿，独自怎生得黑）。

③窗户旁的梧桐树。窗户旁的梧桐树上有细雨，一直往下滴，滴到了黄昏（梧桐更兼细雨，到黄昏、点点滴滴）。最后一句，想象李清照感到非常“愁”（这次第，怎一个愁字了得）。

想象时要注意：一定要有画面感，越有身临其境的感觉越好，并在大脑中梳理好每个定位点的顺序。想象完后，还原出每一句，没有记牢的地方再着重强化。最后根据大脑中的画面，挑战顺背和倒背。倒背时，只需按照定位点的顺序进行倒背，不用把每个字倒过来。

**让我来试试**

用配图定位法记忆下面这首古诗。

**池上**

【唐】白居易

小娃撑小艇，偷采白莲回。

不解藏踪迹，浮萍一道开。

译文：小娃撑着小船，偷偷地从池塘里采了白莲回来。他不懂得掩藏自己的行踪，浮萍被船儿荡开，水面上留下了一条长长的水线。

## 第四节　文言文的记忆

学生们经常开玩笑说，学语文有三怕：一怕写作文，二怕文言文，三怕周树人。文言文对于他们来说，一是难理解，二是难记忆。尤其怕课文后面写着几个字——背诵全文。

不过现在有了方法就不用怕了，只要看到“背诵全文”几个字，你就可以挑战第一个冲到老师面前去背诵，因为你会记忆方法，绝不能输给其他同学。如果你是成人，也可以用记忆方法积累一些文言文中的经典名句，在平时的交流中时不时引用一下，瞬间“镇住”对方。

文言文和古诗词的记忆方法大同小异，其记忆的步骤比古诗多了一项，就是分小块。文言文的记忆步骤如下。

（1）大声朗读，理解大意，找出句与句之间的内在联系。

（2）分小块。（一般 4~20 个字为一个小块。）

（3）选择记忆方法。（绘图记忆法、记忆宫殿法、场景定位法、画面想象法等。）

（4）修正与还原。

（5）复习与输出。输出就是最好的复习，在生活和学习中多引用。

## 实战应用

### 1. 出师表（节选）

臣本布衣，躬耕于南阳，苟全性命于乱世，不求闻达于诸侯。/ 先帝不以臣卑鄙，猥自枉屈，三顾臣于草庐之中，咨臣以当世之事，/ 由是感激，遂许先帝以驱驰。/ 后值倾覆，受任于败军之际，奉命于危难之间，尔来二十有一年矣。

译文：我本来是平民，在南阳务农耕田，在乱世中姑且保全性命，不奢求在诸侯之中出名。先帝不因为我身份卑微，屈尊下驾来看我，三次去我的茅庐拜访我，征询我对时局大事的意见，我因此十分感动，就答应为先帝奔走效劳。后来遇到兵败，在兵败的时候接到委任，在形势危急之时接受使命，至今已经有二十一年了。

通读理解后，根据大意，把原文分成四个小块，然后绘出四幅图来联想记忆，如下图所示。

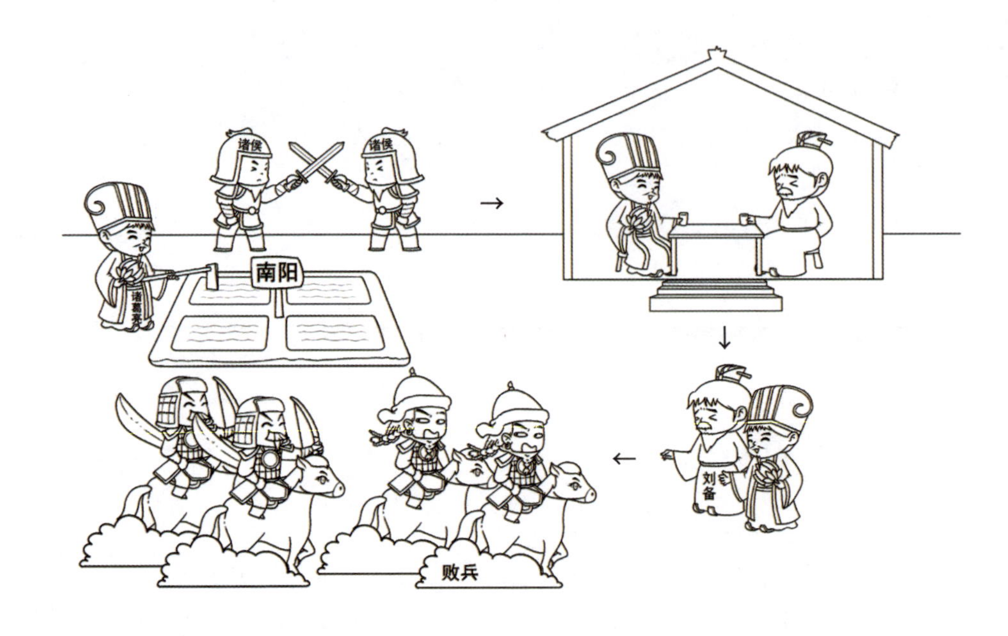


先理解一遍整幅图的意思，从左上角开始：诸葛亮在南阳耕田，然后刘备来请他出山，接着他就跟着刘备走了，最后带兵打仗，整幅图的意思也符合原文大意。

## 记忆方法

①臣本布衣，躬耕于南阳，苟全性命于乱世，不求闻达于诸侯。

画出诸葛亮穿着布衣，在南阳耕地。有些不好画出的内容可以结合一些想象，想象诸葛亮在打架的两个诸侯旁姑且保全性命，不奢求在这两个诸侯中出名。

②先帝不以臣卑鄙，猥自枉屈，三顾臣于草庐之中，咨臣以当世之事。

画出先帝（刘备）找诸葛亮的画面，想象刘备不觉得诸葛亮身份卑微（卑鄙），放低了位置（猥自）进了茅草屋。并来了三次，来干什么呢？征询时局大事。

③由是感激，遂许先帝以驱驰。

画出他们一起出发的画面，诸葛亮又是感激（由是感激），又是感动。再想象他跟着刘备去吃（驱驰）饭，吃刘备的饭，当然要为他效劳。

④后值倾覆，受任于败军之际，奉命于危难之间，尔来二十有一年矣。

画出打仗的画面，再想象后来刘备顷刻间全军覆没，诸葛亮临危受命，带兵打仗，有 21 年了。

通过“分块 + 理解 + 绘图法”的形式记忆一遍，就能记下 80%~90% 的内容，然后多读几遍，把拗口的字词读顺畅。后面稍加复习，直到能流利地背诵。

### 2. 师说（节选）

古之学者必有师。师者，所以传道受业解惑也。/ 人非生而知之者，孰能无惑？惑而不从师，其为惑也，终不解矣。/ 生乎吾前，其闻道也固先乎吾，吾从而师之；/ 生乎吾后，其闻道也亦先乎吾，吾从而师之。/ 吾师道也，夫庸知其年之先后生于吾乎？ / 是故无贵无贱，无长无少，/ 道之所存，师之所存也。

译文：古代求学的人必定有老师。老师是传授道理、教授学业、解释疑难问题的人。人不是一生下来就懂得知识和道理的，谁能没有疑惑？有了疑惑，如果不跟老师学习，他所存在的疑惑就始终不能解开。生在我前面的人，他懂得的道理本来就早于我，我跟从他，把他当作老师；生在我后面的人，如果他懂得的道理也早于我，我也应该跟从他学习，把他当作老师。我学习的是道理，哪里去考虑他的年龄比我大还是小呢？因此，无论地位高低贵贱，无论年纪大小，道理存在的地方，就是老师存在的地方。

通读理解后，根据大意，把原文分成七个小块，我们选择场景定位法做记忆示范，在场景里选五个定位点，按照逆时针的顺序分别为老师、左边同学、中间同学、讲台、黑板，如下图所示。为什么七个小块用五个定位点记忆呢？因为分析原文后，可以发现有些定位点可以联想记忆两个小块。

**记忆方法**

①老师——古之学者必有师。师者，所以传道受业解惑也。

联想：自古以来求学的人必有老师，老师的作用是什么呢？传道、授（受）业、解惑。

②左边同学——人非生而知之者，孰能无惑？惑而不从师，其为惑也，终不解矣。

联想：这位同学生下来什么都不知道，有很多疑惑，但是她也不跟着老师学，所以疑惑一直都有。

③④⑤定位点上的内容大家来尝试联想记忆吧！其中③处联想两个小块，因为这两句是对偶结构。⑤定位点联想最后两个小块。

或许大家会想，文言文的记忆为什么没有其他内容好记，不能体验到一遍记住的感觉呢？我想告诉大家的是，其实用一些谐音是可以一遍记下来的，比如“人非生而知之者，孰能无惑”，用谐音联想就是：“人飞生儿吱吱着，书能无货”，谐音成你熟悉的事物，就容易快速记下来。

为什么在诗词、古文的记忆分享中，我很少用到谐音呢？因为用谐音虽然可以让我们快速记下来，但不利于后期的理解。而且复习时，强化的也是谐音，而不是理解。用理解的方式去联想，记忆的前期稍微困难一点，但后劲足，只要达到顺口记忆后，流畅的背诵和理解就是并行的。

所以我的建议是：背诵文言文，少部分（句首的两三个字或难记的字词）可以用谐音辅助记忆，大部分的转化和联想还是想象原文本来的意思。有了分块和定位法的辅助，其实已经比死记硬背记得更快、更牢固了。

## 第五节　现代文的记忆

语文中的背诵性内容主要是诗词、文言文、现代文，如果按照记忆的难度排序，文言文难于现代文，现代文难于诗词（因为现代文的内容一般比诗词多）。

现代文的记忆步骤如下。

（1）大声朗读，理解文章的大意，提取关键词。

（2）分小块。（一般 7~30 个字为一个小块。）

（3）选择记忆方法。（画面想象法、记忆宫殿法、场景定位法、配图定位法等。）

（4）修正与还原。

（5）复习与输出。

## 实战应用

### 1. 我爱这土地

**我爱这土地**

艾青

假如我是一只鸟，

我也应该用嘶哑的喉咙歌唱：

这被暴风雨所打击着的土地，

这永远汹涌着我们的悲愤的河流，

这无止息地吹刮着的激怒的风，

和那来自林间的无比温柔的黎明……

——然后我死了，

连羽毛也腐烂在土地里面。

为什么我的眼里常含泪水？

因为我对这土地爱得深沉……

《我爱这土地》是现代诗人艾青于1938年写的一首现代诗，其内容和现代文有些相似，所以放在现代文这里来做分享。我们选择场景定位法记忆，大家也可以选择自己家乡的场景作为定位场景。在场景里选三大定位区域：第一个是鸟；第二个包含土地、河流、高山和太阳；第三个是死去的鸟。

## 记忆方法

①鸟——假如我是一只鸟，我也应该用嘶哑的喉咙歌唱。

联想：想象自己变成了一只鸟，扯着嗓子歌唱。

②土地——这被暴风雨所打击着的土地；河流——这永远汹涌着我们的悲愤的河流；高山——这无止息地吹刮着的激怒的风；太阳——和那来自林间的无比温柔的黎明。

联想：在对应的区域进行理解加联想，并认真去感受。例如，被暴风雨所打击着的土地是什么感觉？

③死去的鸟——然后我死了，连羽毛也腐烂在土地里面。为什么我的眼里常含泪水？因为我对这土地爱得深沉。

联想：死去后，羽毛腐烂，眼里流着泪水，为什么流泪？因为我对这土地爱得深沉。

这幅图是根据原文来对照着画的，所以不需要太多联想，每幅画面和内容基本都能对应上。大家选择自己家乡的场景，如果匹配度没有那么高，就需要大家充分发挥联想了。

认真看看这幅图，然后尝试顺背和倒背吧！

## 2. 草原（节选）

这次，我看到了草原。/ 那里的天比别处的更可爱，空气是那么清鲜，天空是那么明朗，/ 使我总想高歌一曲，表示我满心的愉快。/ 在天底下，一碧千里，而并不茫茫。/ 四面都有小丘，平地是绿的，小丘也是绿的。/ 羊群一会儿上了小丘，一会儿又下来，走在哪里都像给无边的绿毯绣上了白色的大花。

《草原》是现代作家老舍创作的一篇散文，文章主要描绘了草原风光图、喜迎远客图和主客联欢图这三幅生动的画面。其中，第一自然段需要同学们背诵，这里节选了第一自然段的前面部分内容来做记忆示范。第一自然段的后面部分，大家尝试用所学方法去记忆。

可选的记忆方法有场景定位法、绘图记忆法、配图定位法、画面想象法等。我们用下图的场景做示范，选了六个定位点。

原文非常有画面感，所以在记忆时，定位点与内容之间不需要进行过多的联想，只需要把握两个重点：第一，身临其境地去感受；第二，把每个定位点的顺序厘清。

①这次，我看到了草原。（无须联想，认真感受）

②那里的天比别处的更可爱，空气是那么清鲜，天空是那么明朗。（风光：天—空气—天空）

③使我总想高歌一曲，表示我满心的愉快。（感受：唱歌→愉快）

④在天底下，一碧千里，而并不茫茫。（想象天底下很广阔）

⑤四面都有小丘，平地是绿的，小丘也是绿的。（小丘作为大的定位点，里面还包含两个小的定位点，分别是小丘的下面和上面，下面是平地，上面就是小丘。）

⑥羊群一会儿上了小丘，一会儿又下来，走在哪里都像给无边的绿毯绣上了白色的大花。（想象羊群在小丘上走来走去，像白花。）

尝试顺背、倒背一遍吧！（按照定位点倒背即可。）

对于写景、抒情和叙事类的现代文，基本上每一句话都容易理解，转化成对应的画面也比较容易，并可以在该画面上进行联想加理解（如③处，唱歌的目的是什么？噢！是为了表达愉快的心情，作者在表达自己的感受）。而把全文串起来的关键线索，就是所有定位点构成的路线。

如果是议论文的记忆，则更适合用思维导图。提取关键词，梳理出中心论点、分论点、论据等，在思维导图上体现出层级关系、逻辑关系。这样就不是以场景为记忆载体，而是通过理解来记住文章的大体框架。

## 让我来试试

下面是《草原》第一自然段的后面部分内容，用你经历过的和文章中的画面比较相似的场景来记忆吧。

那些小丘的线条是那么柔美，就像只用绿色渲染，不用墨线勾勒的中国画那样，到处翠色欲流，轻轻流入云际。这种境界，既使人惊叹，又叫人舒服，既愿久立四望，又想坐下低吟一首奇丽的小诗。在这境界里，连骏马和大牛有时候都静立不动，好像在回味草原的无限乐趣。

# 05 英语单词全记牢

记单词本身不存在科学问题，能帮助记忆的方法就是最科学的。

——俞敏洪

在记忆法的课堂中，很多学生都迫不及待地想知道英语单词怎么记，他们都有记不住单词的苦恼，而我曾经也深有体会。

从初二开始，我背单词很吃力，哪怕记了很多遍，隔几天也忘得一干二净，考试时就像看天书一样。慢慢地，我对英语就产生了抵触心理。现在回过头来想想，当时让我对英语失去信心的“罪魁祸首”就是单词。

但幸运的是，后面学会了记忆法，让我对所有内容的记忆信心倍增，现在用记忆方法能做到一天记忆 600~800 个新单词，甚至更多。很多学了记忆法的学员也能在一两天内记住一学期的单词。我觉得记忆法不仅解决了记单词的问题，更重要的是增强了自信心和激发了学习的兴趣。我想对初二时的自己和对大家说：掌握了方法，记单词真的很简单。

## 第一节　万能公式记单词

记忆法的万能公式“简联熟”也适用于记单词。简单调整一下“简联熟”的顺序后合并成两步：

**第一步，找到熟悉的模块或拆分成熟悉的模块；**

**第二步，把单词的意思和模块联想到一起。**

这就是单词记忆的万能公式或步骤，简称“熟联”。只要你愿意大开脑洞，一定能在一个单词上找到熟悉的模块。

无论是记忆法，还是单词记忆的步骤，只有抓住核心规律，才能快速掌握方法和拥有举一反三的能力。记单词有很多种方法，对于初学者来说，容易看得眼花缭乱。但只要我们抓住了这两个核心步骤就会发现，所有的方法任凭它千变万化，都遵循万能公式的步骤。

## 小试牛刀

**assistant[əˈsɪstənt] n. 助理；助手**

熟悉的模块：as；sist；ant

联想：像（as）姐姐（sist）一样的助手

说明：sist 编码为姐姐（sister），ant 表示人的后缀，理解即可。如果把 ant 转化为蚂蚁再联想，反而增加了记忆量。

**bride[braɪd]n. 新娘**

熟悉的模块：b；ride

联想：新娘不（b）愿意让新郎骑（ride）自行车去接亲。

说明：联想越有逻辑，越好记忆。还可以联想为新娘不骑自行车（可能是穿着婚纱不方便）。

**staff [stɑːf]n. 工作人员；全体职工**

熟悉的模块：sta；ff

联想：一个明星（sta）后面跟着两个工作人员（ff）。

说明："sta"编码为明星（star），把"ff"看成两个高高的工作人员。会不会写成 starff 呢？一般不会，因为我们会复习，并不是只看一次。重复几次后，你也会有视觉印象的。

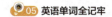

**rumour ['ruːmə]n. 谣言；传闻**

熟悉的模块：rum；our

联想：辱骂（rum）我们的（our）话都是谣言。

说明：“rum”转化为辱骂。

你有发现吗？一个单词里总会有熟悉的模块，可以通过拼音、找熟悉的单词、比较、形状联想等方式找出熟悉的模块，再和单词的意思进行联想。

## 第二节　记牢单词的秘诀

### 一、怎样才算记牢了单词

虽然我们用记忆法快速记住了上一节的单词，但要记牢，还有一个重要的步骤——输出。

输出有多种方式，如做题、听写、运用、在不同的语境中说出来等。一个单词在我们大脑中的保持情况分为以下三个阶段。

**第一阶段（输入）**：无论死记硬背还是用记忆法，把单词“装入”大脑后能读、能拼写、知道意思，但还不能灵活运用到各种语境中。

**第二阶段（输出）**：对单个单词的“读”与“说”非常熟练，但融入句子后，大脑中需要有意识地思考用法是否正确。

**第三阶段（输出）**：单词已经完全融入了句子里，可以做到无意识地把整个句子脱口而出，和外国人交流没有任何障碍。这个阶段对单词的用法、发音、意思已经非常熟悉。

由此可见，记住和会用是不同的阶段，第三阶段是我们追求的目标，多输出、多用才是牢固记忆的保障。

## 二、音标拼读法 + 记忆法

音标拼读法是根据发音规则来记单词的，它可以解决发音和一部分拼写问题，但并不能让我们快速记住单词的意思，不认识单词比不会拼写单词更让人头疼。而且有少部分单词并不适合使用音标拼读法记忆，更何况要记牢单词的发音并读顺口，这需要重复很多遍，记忆的效率并不高。

用记忆法背单词，速度快、记得牢、有趣味性，能快速记住单词的拼写和意思，但并不能解决发音问题。除非使用谐音法，它勉强可以让学生们记住大方向上的发音。

所以，秉承“合作共赢”的理念，两者强强结合，音标拼读法加上记忆法记单词，效率可以得到成倍提升。

只要记牢了单词的拼写和意思，学生们就迈出了一大步。至于怎么发音、怎么用，就需要上课时认真听英语老师讲了。当老师讲到某个单词怎么发音、怎么用时，如果已经认识了这个单词，那么注意力就会更集中。

对小学生来说，可能还不太会用音标拼读，用记忆法记单词是一种不错的选择。

对于考英语四六级、考研的同学来说，记忆法就是背单词路上的“神助攻”。曾经有位学员 4 天就背完了英语四级的所有单词。拼读对于大学生来说，基本上没有太大的问题，只需用记忆法快速记住单词的意思和拼写，这样效率就高了许多。

## 三、科学复习

### 1. 背单词需要一鼓作气

有同学说，自己每天死记硬背 10 个单词，一年不就是 3650 个吗？我想说，这几乎是不可能的。因为能每天坚持背单词的同学凤毛麟角，而且越到后面，需要复习的单词越多，难度也越大。

我的建议是一鼓作气地背，比如用记忆法一次性背 50~100 个单词，花几十分钟就能记完两三个单元的单词，然后隔一两天再复习几次。等到英语老师讲课的时候，又是一次记忆的强化。假如一个学期要记 400 个单词，就只需要做四五次这样的一次性记忆即可，不用天天为背单词而苦恼。如果是死记硬背，在短时间内很难记住上百个单词，背的时间越久，越容易打击背单词的信心。

### 2. 如何复习

很多人都听过艾宾浩斯遗忘曲线，按照遗忘曲线的规律来复习不大现实，因为复习得太密集了，很难做到。根据教学经验，给大家总结出了以下复习规律，我们以用记忆法一次性背 50~100 个单词为例。

| 复习 | 间隔时间 | 复习方式 |
| --- | --- | --- |
| 第一轮复习 | 当晚 | 先统一复习一遍，仔细回忆当时是怎样联想记忆的，再遮住中文解释说出意思，或遮住单词后看中文解释拼写出单词 |
| 第二轮复习 | 两天后 | |
| 第三轮复习 | 四天后 | |
| 第四轮复习 | 一星期后 | |
| 第五轮复习 | 一个月后 | |

复习规律要满足先密后疏的原则，上面的表格为参考的复习规律。如果你复习几遍就已经背得滚瓜烂熟，就可以少复习几遍。如果到第四、五轮复习还不是很熟悉，那就多复习几遍，直到非常熟悉。

除了集中复习，在平时还要多用、多练、多说，因为输出是最好的复习。

# 第三节　字母组合编码

单词记忆的万能公式“熟联”，第一步需要把一个单词拆分为几个熟悉的模块或者通过谐音、比较等方式找到熟悉的模块。大家可能会说哪有那么多熟悉的模块呢？一定有的！这就需要提前对一些字母组合进行编码，如 cjjyf 编码为超级记忆法、th 编码为土豪、sw 编码为上午、ght 编码为规划图等。当积累的字母组合越多，记单词就会越容易。

为什么一定要进行编码呢？主要有以下几个好处。

（1）可以让单词中散乱的字母组块化，形成整体，减少记忆量。

（2）使一些字母组合形成图像，更有利于记忆。

（3）使字母组合有意义，有利于联想和记忆。

字母组合的组块是可以扩充的，即组块具有扩容性。比如 capacity（容量），对于幼儿园的小朋友来说，可能就是 8 个字母，8 个信息，即 8 个组块；对于学过 cap（帽子）、a（一）和 city（城市）的学生来说，就是 3 个组块；对很熟悉 capacity 的人来说，就是 1 个组块。所以，我们熟悉的组合越多，记忆量就越少，记忆难度就越小。

字母组合的编码方式主要有以下几种。

## 一、理解含义

单词一般由词根、前缀和后缀三部分组成。词根决定单词的意思，前缀改变单词的词义，后缀决定单词的词性。理解词根、词缀的意思，也相当于一种组合方式，如 dis（表示否定）、mini（表示小）、pre（表示先前）等。

## 二、拼音法

汉语拼音是我们熟悉的内容，按照以熟记新原则，完全可以把拼音用来记单词。用拼音的方法给字母组合编码，不一定是完整的拼音，也可以用首字母或者拼音的一部分。

| 字母组合 | 编码 | 字母组合 | 编码 |
|---|---|---|---|
| change（改变） | 嫦娥 | pre | 怕热 |
| tra | 突然 | ght | 更好听、规划图 |
| str | 石头人（孙悟空） | post | 破石头 |
| ful | 福利 | est | 二十天 |

用输入法输入对应字母，还会得到更多的编码，可以选取自己有感觉的编码或者形象的编码使用。

### 三、熟悉的单词

如果发现单词中还有单词，那就用里面的单词的意思进行联想，比如 small（小的）中有我们熟悉的 all（所有），可以联想为：所有（all）的生命（sm）都是小的。有时为了联想顺畅，可以适当颠倒顺序。

如果某些字母组合和我们认识的单词有些相似，也可以定义为熟悉的单词的意思。

| 字母组合 | 熟悉的单词 | 编码 |
|---|---|---|
| ive | five | 五 |
| fin | fine | 好的 |
| rive | river | 河 |
| sist | sister | 姐；妹 |

如果所记的新单词和认识的单词有一两个字母不一样，那就进行比较联想记忆。

| 新单词 | 熟悉的单词 | 比较联想 |
|---|---|---|
| bride（新娘） | pride（骄傲） | 新娘比（b）赛赢了，感到骄傲 |

续表

| 新单词 | 熟悉的单词 | 比较联想 |
|---|---|---|
| mall（购物中心） | small（小的） | 小型的购物中心（留意少了 s 即可） |
| rouse（唤醒） | mouse（老鼠） | 嚷嚷（r）叫，唤醒了老鼠 |
| donkey（驴） | monkey（猴子） | 猴子骑在一只大（d）的驴身上 |

## 四、形状联想

发挥想象力，把一些字母组合转化为我们熟悉的数字、物品等。

| 字母组合 | 编码 | 字母组合 | 编码 |
|---|---|---|---|
| zoo | 200 | gloom | 9100 米 |
| boo | 600 | oon | 两个球进门 |
| bow | 603 | log | 10g |

## 五、谐音法

利用谐音，可以给一部分字母组合编码，相近的声音也是一种回忆的线索。

| 字母组合 | 编码 | 字母组合 | 编码 |
|---|---|---|---|
| tion | 神、心 | tar | 塔（加上儿化音） |
| ish | 石、洗 | ter | 头（加上儿化音） |
| ment | 闷头 | teen | 停 |

## 六、综合方法

在单词的实战记忆中，一般会把以上几种方法综合在一起运用，以达到更好的效果。

| 字母组合或单词 | 拆分与编码 | 字母组合或单词 | 拆分与编码 |
|---|---|---|---|
| mess | 我（me）试试（ss） | biology | 610+10g+y |
| solution | 搜鹿心（tion） | accele | 一双痴痴（acc）的眼睛（ele → eye） |
| consist | 坑（con）姐姐 | | |

把以上几种方法用好，再难的字母组合，都可以进行编码，这样极大地精简了单词的记忆量。但有时会出现剩下一个字母的情况，单个字母也有对应的编码。

| 字母 | 编码 | 字母 | 编码 |
|---|---|---|---|
| Aa | apple 苹果 | Nn | 门（形状） |
| Bb | 笔（拼音） | Oo | 乒乓球（形状） |
| Cc | 月亮（形状） | Pp | 皮鞋（拼音） |
| Dd | 弟弟（拼音） | Qq | 气球（形状） |
| Ee | eye 眼睛 | Rr | 小草（形状） |
| Ff | fish 鱼 | Ss | 蛇（形状） |
| Gg | 鸽子（拼音） | Tt | 梯子（拼音） |
| Hh | 椅子（形状） | Uu | 酒杯（形状） |
| Ii | 蜡烛（形状） | Vv | 胜利手势（形状） |
| Jj | 鸡（拼音） | Ww | 乌鸦（拼音） |
| Kk | 机枪（形状） | Xx | 剪刀（形状） |
| Ll | 金箍棒（形状） | Yy | 弹弓（形状） |
| Mm | 麦当劳（拼音） | Zz | 闪电（形状） |

单个字母编码用得相对较少，字母组合编码用得较多。以上编码仅作为参考，编码并不是唯一的，在联想记忆中，要选择适合自己的编码记忆。

## 第四节 实战记单词

只要掌握了单词记忆的核心步骤（即万能公式），以后遇到再多的方法，我们也不会被绕晕，因为万变不离其宗。

在开始记忆前，有几个非常重要的注意事项分享给大家，这也是很多记忆法初学者容易陷入的误区。

**1. 关于单词的拆分**

（1）一个单词一般拆分为 2~3 个模块，比较长的单词可以拆分为 4 个模块，拆分量过多，会增加记忆量。比如 consume（消费），拆分为两个模块即可：con+sume，sume 编码为"俗我"（意思是俗人的我）。联想："俗我"去消费总是被坑（con）。

（2）以常见的字母组合为节点去拆分，比如 consume 中的 con 就是一个常见的组合，而不是拆分成 co+ns+ume。

**2. 关于编码**

（1）把单词拆分为熟悉的模块后，如果还剩下单个字母，则可以不用编码，因为编码后，我们大脑中需要有一层转换，间接地增加了记忆量，还不如直接保留一个单独的字母。

比如 biology（生物学），拆分为 bio+log+y，编码为 610+10g（10 克）+y。联想：生物学里的生物的体重由 610 变为了 10g。最后一个 y 稍加留意即可，不需要再单独编码为弹弓了。因为我们会对单词进行复习，会有视觉印象，也会有拼读后的整体感觉。如果把 y 编码后再联想，反而要记更多没有必要记的图像。

（2）有些可以理解的词根词缀也不一定要编码，比如前缀 im，后缀 ly、ed 等。

**3. 关于联想**

（1）联想要精简。

（2）联想时，脑海中尽可能要有画面。

（3）联想无须过于夸张，有逻辑的联想更好记，比如 drain（下水道），联想：下大（d）雨（rain）了，水会往哪里流？肯定会流向下水道。

（4）联想也有重点与非重点之分。比如 discipline（惩罚），拆分为 dis+cip+line，dis（表示否定）就不是联想的重点，主要靠理解，联想重点在 cip 和 line 上，联想：不把磁盘（cip）摆在一条线（line）上，就要被惩罚。

## 一、拼音法

运用拼音的技巧，把单词中散乱的字母组合成熟悉的词后再联想记忆。

**desk [desk] n. 书桌**

熟悉的模块：desk（得上课）

联想：我得（de）上课（sk）了，上课需要有书桌。

说明：有时为了好记，联想时，不一定非要按照中文的语法规则来联想。

**guide [gaɪd] n. 导游**

熟悉的模块：gui；de

联想：请导游是很贵（gui）的（de）。

说明：联想仅仅为了辅助记忆，勿曲解其意思。

**bandage ['bændɪdʒ] n. 绷带**

熟悉的模块：ban；dage

联想：绷带绊（ban）倒了大哥（dage），脚受伤了，需要缠绷带。

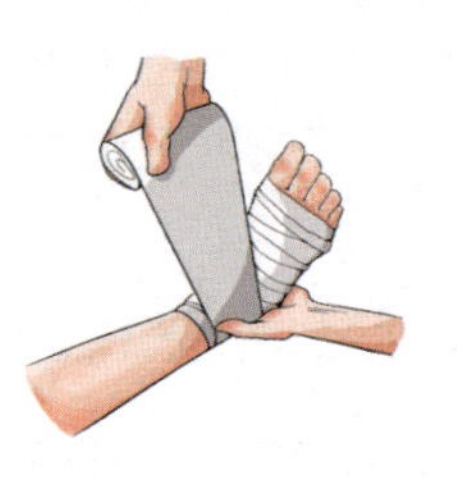

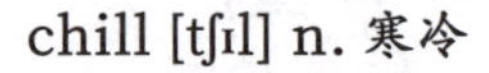

**chill [tʃɪl] n. 寒冷**

熟悉的模块：chill（赤裸裸）

联想：冬天赤（chi）裸裸（ll）地站在外面，肯定感到寒冷。

## 让我来试试

**1. 写出下面单词的意思**

desk__________　guide__________　bandage__________

**2. 用拼音法记忆下面的单词**

chaos 混乱　联想记忆：吵（chao）死（s）了，现场一片混乱。

gang 一伙（闹事的人）　联想记忆：一伙人拿着钢（gang）管闹事。

cheque 支票　联想记忆：____________________

fare 车费　联想记忆：____________________

pare 削皮　联想记忆：____________________

参考答案

cheque 支票——参考联想：车（che）里有缺（que）口，修理后给支票。

fare 车费——参考联想：发（fa）热（re）了，打车去医院要给车费。

pare 削皮——参考联想：怕（pa）热（re），吃水果解渴，先要削皮。

## 二、编码法

字母组合编码的方式有形状联想、谐音、拼音等，实战记单词时，基本上是几种方法混合在一起使用，统称为编码法。其实叫什么名字不重要，重要的是抓住核心步骤，碰到任何单词都能轻松拿下。

再强调一遍核心步骤：第一步，找到熟悉的模块，如果没有，那就通过编码，让散乱的字母变为熟悉的模块；第二步，把熟悉的模块和单词的意思联想到一起。

**assassin [ə'sæsɪn] n. 行刺者**

熟悉的模块：ass；ass；in

联想：一条条（ass）一条条（ass）的蛇进入（in）了房间，准备暗杀别人，这些蛇都是行刺者。

说明：拆分为两个 ass 比拆分为 as+sa+ss 好记。

**innocent ['ɪnəsnt] adj. 清白的**

熟悉的模块：in；no；cent

联想：他没有偷东西，他是清白的，检查了他口袋，里面(in)没有(no)一分钱(cent)。

**strain [streɪn] n. 压力；重压之下出现的问题**

熟悉的模块：st；rain

联想：石头（st）被雨（rain）不停地拍打着，肯定会感到有压力。

dread [dred] n. 恐惧

熟悉的模块：d；read

联想：他抵（d）触阅读（read），只要阅读就会感到恐惧。

sinister ['sɪnɪstə(r)] adj. 险恶的

熟悉的模块：sister；ni

联想：你（ni）和姐姐（sister）处于险恶的环境中。

说明：稍加留意 ni 所在的位置。

comedian [kə'miːdiən] n. 喜剧演员

熟悉的模块：come；dian

联想：片场来（come）电（dian）了，导演要求喜剧演员开始拍戏。

**chemist ['kemɪst] n. 化学家**

熟悉的模块：che；mist

联想：化学家把车（che）开进了密室，玩密室逃脱（mist）。

说明：mist 编码为密室逃脱，留意后面只有一个 t。

**wrestle ['resl] v. 摔跤**

熟悉的模块：w；rest；le

联想：练摔跤太累了，我（w）要休息（rest）了（le）。

**antique [æn'tiːk] n. 文物；古董**

熟悉的模块：anti；que

联想：一（an）脚踢（ti）过去，古董就留下了缺（que）口。

feather ['feðə(r)] n. 羽毛

熟悉的模块：e；father

联想：父亲（father）在观察鹅（e）身上的羽毛。

说明：留意 e 的位置。

只要拆分合适，编码恰当，再结合适当的联想，并持之以恒地训练，基本上就能做到十秒钟牢记一个单词。

接下来我们进行一个挑战，打开计时器，尝试三分钟内记住下面的十个单词。

（1）dragonfly 蜻蜓

拆分与编码：dra（当然）+gon（公）+fly（飞）

联想：当然是公的蜻蜓在飞。

（2）span 横跨

拆分与编码：span（算盘）

联想：几公里长的算盘横跨了两座城市。

（3）elephant 大象

拆分与编码：ele（两个 e 看成大象的眼睛，中间的 l 看成大象的长鼻子）+ph（破坏）+ant（蚂蚁）

联想：大象用长鼻子破坏了蚂蚁窝。

（4）glove 手套

拆分与编码：g（哥）+love（爱）

联想：哥哥爱戴手套。

（5）invoice 发票

拆分与编码：in（在……里面）+voice（声音）

联想：财务室里面总是发出声音，要开发票的快过来。

**（6）slim 苗条的**

拆分与编码：slim（顺利吗）

联想：减肥顺利吗？当然，你看她苗条的身材就知道了。

**（7）bias 偏心**

拆分与编码：bias（变少）

联想：妈妈偏心，给弟弟的爱变多，给我的爱变少了。

**（8）bamboo 竹子**

拆分与编码：bam（爸妈）+boo（600）

联想：熊猫爸爸给熊猫妈妈吃了 600 根竹子。

**（9）theme 主题**

拆分与编码：the（这个）+me（我）

联想：（指着自己的画像）这个我就是今天的主题。

**（10）threat 威胁**

拆分与编码：thr（谈话人）+eat（吃）

联想：谈话人吃东西时，遭到威胁。

## 测一测

（1）dragonfly

（2）span

（3）elephant

（4）glove

（5）invoice

（6）slim

（7）bias

（8）bamboo

（9）theme

（10）threat

## 让我来试试

1. 写出下面单词的意思

assassin ________ dread________ innocent________

2. 记忆下面的单词

wangle 设法获得　联想记忆：考试设法获得满分，一看题，全忘了(wangle)。

pant 喘气　联想记忆：胖（p）蚂蚁(ant)走路会喘气。

flour 面粉　联想记忆：________

cabin 小屋　联想记忆：________

tide 潮水　联想记忆：________

参考答案

flour 面粉——参考联想：发福利（fl）给我们（our，我们的）了，原来是面粉。

cabin 小屋——参考联想：进到小屋里，擦（ca）冰（bing → bin）箱。

tide 潮水——参考联想：在海边玩时，潮水来了，踢一脚行不行？踢（ti）得（de）。

## 三、比较联想法

如果我们发现所记的新单词和自己认识的单词比较相似，它们只有一两个字母不同，就可以把它们进行比较记忆，再结合联想，我们把这种方法叫作比较联想法。

比较联想法是一种非常实用和有效的方法，它符合以熟记新原则。新旧单词做比较，能起到 1+1 > 2 的效果。英语很好或者词汇量很大的人，他记新单词就比较快，为什么呢？因为他积累的单词多，熟悉的字母组合模块多，可用作比较的单词也多，自然就记得快。就像前面提到的滚雪球一样，你的雪球大，表面积大，滚动一次，就能粘住更多的雪。

比较联想法也是按照万能公式的步骤进行的：第一步，找到熟悉的模块，也就是找到你已经会的单词；第二步联想，把已经会的单词的意思和新单词的意思联想到一起，有时还可以把它们不一样的那一两个字母进行联想。

## 小试牛刀

### 1. 两个单词的比较

（1）flesh 肉；肌肉

第一步，找到我们熟悉的模块，很容易想到 fish（鱼）或者 flash（闪光）。

第二步，把它们的意思联想起来，以我们更熟悉的 fish 为例，联想：吃了鱼（fish）肉（flesh）很快乐（le）。

至于它们不一样的字母（le 和 i）要不要放进联想中，可以根据情况而定，如果你感觉很容易区分，就不用放进联想里。例如，不把 le 放进联想里，就直接联想：鱼肉。回忆时，留意一下是由 i 换成了 le 即可。

（2）launch 发射；发起

很容易想到熟悉的 lunch（午餐；午饭），联想：吃饱了午饭，才有精力发射一（a）枚火箭。（也可以夸张联想：把一（a）桌子午饭发射到天上。）

### 2. 多个单词的比较

多个单词的比较，也只需要找到一个熟悉的模块或单词，以它为基础进行联想。

我们以 port 系列的单词为例。

export 出口；输出

import 进口；输入

passport 护照

transport 运输

airport 机场

port 是港口的意思，将 port 作为熟悉的模块和其他部分进行联想。当然，如果有一定英语基础，进行理解是最好的，比如 passport，通过（pass）了港口（port），出国肯定需要护照。前缀 im 除了表示否定，还有进入、向内的意思，import 是输入的意思就很容易理解了。

如果不了解这些单词前缀的释义，简单地联想也是可行的。

export 出口。联想：带着货物一路恶心（ex）到了港口（port），终于可以从出口出去了。

transport 运输。联想：把天然水（trans）运输到了港口（port）。

airport 机场。air 有空气、空中的意思。联想：空中的港口，那就是机场。

## 实战应用

alter [ˈɔːltə(r)] v.（使）改变；更改

熟悉的单词：after（在……后；后来）

联想：几年后（after），把弯曲的路灯（a f ter）全部扳直（a l ter），扳直后就意味着改变了。

说明：f 形状有点像路灯，l 可看成笔直的路灯。

summit [ˈsʌmɪt] n. 最高点； 顶点

熟悉的单词：summer（夏天）

联想：它(it)在夏天的时候，登山登到了最高点。

说明：两个不一样的部分 er 和 it，可以把变化的 it 做联想，如果不认识 summer，就联想为：苏妹妹（summ）它（it）登上了山顶。

policy ['pɒləsi] n. 政策

熟悉的单词：police（警察；警察部门）

联想：警察部门的政策改变了。

说明：把 e 换成了 y，比较容易记忆，不用把 y 放进联想中。

tax [tæks] n. 税

熟悉的单词：taxi（出租车）

联想：我（i）坐出租车也要缴税。

adopt [ə'dɒpt] v. 采用

adept [ 'ædept] adj. 内行的

adapt [ə'dæpt] v. 适应

熟悉的模块：a（ ）pt。可以编码为一（a）个普通（pt）人

adopt 的联想：我做（do）的方案好，被老师采用了。

adept 的联想：内行的人获得（de）的经验非常多。

adapt 的联想：我们要适应社会大（da）环境。

说明：只需把中间的 do、de、da 进行联想，“a（ ）pt”的编码可以不用放进联想中，以减少记忆量。

挑战三分钟内记住下面的单词。

（1）grain 谷物；谷粒

熟悉的单词：rain（雨）

联想：谷（g）物受到雨水的滋润，就长得好。

（2）widow 寡妇

熟悉的单词：window（窗户）

联想：寡妇往窗外看，又往门（n）外看了看。

（3）hollow 空心的；洞

熟悉的单词：follow（跟随）

联想：跟随着别人，穿过了一个空心的洞。（把 h 的下半部分看成一个门洞）

（4）lawn 草坪

熟悉的单词：law（法律）【如果不认识 law，可以联想：在我困惑时，法律可以拉（la）我（w）一把】

联想：上完法律的课程，从教室门（n）出来，就是草坪。

（5）bean 豆

熟悉的单词：clean（打扫）

联想：baby（b）吃完豆，弄得满屋子都是，需要妈妈来打扫。

（6）区分 snake（蛇）与 snack（小吃）

熟悉的模块：sna（手拿）

snake 的联想：用手擒拿（sna）了一条咳（ke）嗽的蛇。

snack 的联想：手拿（sna）存款（ck）买小吃。

（7）区分 cap（帽子）与 cup（杯子）

cap 的联想：中间的 a 更像帽子。

cup 的联想：中间的 u 更像杯子。

（8）区分 quiet（安静的）与 quite（非常；十分）

quiet 的联想：一个安静的儿童（et）。

quite 的联想：特（te）别好，非常好，十分好。

（9）区分 angel（天使）与 angle（角度）

angel 的联想：昂（ang）首挺胸的天使饿了（el）。

angle 的联想：90° 的角度里有一个垃圾桶，太肮（ang）脏了（le）。

说明：如果有一点熟悉这两个单词，只是容易混淆，就不用把 ang 放进联想中。

（10）区分 sweet（甜的）与 sweat（汗水）

sweet 的联想：甜的食物对儿童（et）有吸引力。

sweat 的联想：吃食物（sw），吃（eat）得满头大汗。（我通常会这样联想：食物—吃出一汗水。这样联想比较精简，其实大脑中也明白是什么意思。但语句不通顺，不利于教学与传播。所以，大家自己联想时，有时候为了简单和好记，在大脑中知道是什么意思就行，不一定非要让语句通顺。）

## 测一测

（1）grain________　　（6）snake________；snack________

（2）widow________　　（7）cap________；cup________

（3）hollow________　　（8）quiet________；quite________

（4）lawn________　　（9）angel________；angle________

（5）bean________　　（10）sweet________；sweat________

## 让我来试试

### 1. 写出下面单词的意思

summit________　policy________　tax________

### 2. 记忆下面的单词

groom 新郎。熟悉的单词 room（房间）。

联想记忆：哥哥（g）把他的房间（room）布置好，今天他要结婚了（新郎）。

gloom 忧郁。熟悉的模块 9100m。

联想记忆：被体育老师罚跑了 9100m，感到忧郁。

bloom 开花。熟悉的模块 6100m，或者与 gloom 比较记忆。

联想记忆：________________

loom 织布机。熟悉的模块 100m，或者与 gloom 比较记忆。

联想记忆：________________

hook 钩；挂钩。熟悉的单词 look（看）。

联想记忆：________________

参考答案

bloom 开花——参考联想：6100m 的路上，都开满了花。

loom 织布机——参考联想：织布机织了 100m 的布。

hook 钩；挂钩——参考联想：看（look），哥（h）手上放了钩子。

## 四、英语词组的记忆

英语词组由两个或多个单词组成，有些词组的含义不一定是各单词意思的组合，所以很容易搞混淆，而记忆法就能帮助我们做好区分。

记忆前，首先要记住单个单词的意思，才有利于词组的记忆。如果能通过理解的方式记住词组的意思，那肯定是首选，比如 join in（加入），join 有参加、结合的意思，而 in 是在里面、进入的意思。所以 join in 的意思就很容易理解了。当然，很多时候我们都不知道词组构成的深层含义，所以，联想记忆也是可行的。

after all 毕竟；终究

熟悉模块：after（在……后；后来）；all（所有；全部）

联想：我那么努力，我的排名终究还是在所有人（all）后面（after）。

说明：稍加留意顺序，after 在前，all 在后。

give up 放弃

熟悉模块：give（给）；up（向上）

联想：给（give）了你一个向上（up）的手势，上面危险，让你放弃向上爬。

说明：give 有妥协的意思，up 有完全的意思，完全妥协就是放弃。

take off （飞机）起飞；脱下

熟悉模块：take（拿走；携带）；off（离开；脱掉）

联想：带（take）了一尊卧佛（off）上飞机（起飞）。飞机上太热，脱下了衣服。

说明：由卧佛的读音可以回忆出 off。

## 让我来试试

### 1. 写出下面词组的意思

give up________　　take off________　　after all________

## 2. 记忆下面的词组

watch out 小心。拆分：watch（看）；out（外面）

联想记忆：________________________________________

hand in 上交。拆分：hand（手）；in（在……里）

联想记忆：________________________________________

go on 继续（做）。拆分：go（走）；on（在……上）

联想记忆：________________________________________

参考答案

watch out 小心——参考联想：看（watch）外面（out），有危险，你要小心哦！

hand in 上交——参考联想：手（hand）里面（in）拿的东西，全部上交。

go on 继续（做）——参考联想：去（go）房顶上面（on），继续盖瓦。

# 06 速记文理科知识

学习只有充分运用眼、耳、口、鼻、身各种器官，眼看、耳听、脑想、口念、手动相互配合，使大脑皮层的视觉、听觉、语言等重要中枢建立起有机联系，这样才能最大限度地发挥整个大脑的功能，使大脑的潜能得到充分的发挥，以达到最好的学习效果。

——《青少年科学用脑》

# 第一节 “道法”与政治

曾经我们对初中的学生和老师做过一个小调查，问他们认为哪些科目难背，得票最高的就是“道德与法治”，简称“道法”。如果调查高中同学，我想得到的答案应该是“政治”。

“道德与法治”和“政治”需要记的内容较多，大部分知识点都可以用情景记忆法或场景定位法来记忆，说简单点就是把自己融入具体的场景中，去感受、去思考，同时再结合一些联想和定位技巧。除了用记忆法，还可以用思维导图进行简化、归纳、梳理知识点。

## 实战应用

### 1. 八年级上册——如何尊重他人？

课本上的原内容：

积极关注、重视他人。尊重他人，需要我们考虑他人的感受，认真对待他人，给予他人应有的、适当的关注，而不冷落、忽视他人。我们应该重视他人，对他人的疑惑给予细致耐心的解答，对他人的请求给予热情的帮助。

平等对待他人。我们每个人在人格和法律地位上都是平等的。平等待人要求我们发自内心地尊重他人人格，对所有的人一视同仁。社会生活中，我们不能以家境、身体、智能、性别等方面的原因而轻视、歧视他人。

学会换位思考。孔子说：“己所不欲，勿施于人。”在人际交往中，我们要设身处地为他人着想，不把自己的意志强加给他人；应该将心比心，体会他人的感受，理解他人的难处，包容他人，像尊重自己一样尊重他人。

学会欣赏他人。“尺有所短，寸有所长。”我们要善于发现他人的潜质和特长，真诚地欣赏和赞美他人的优点和闪光点，给予他人积极的评价。让我们学会彼此欣赏，共同进步。

如果要求大家背诵，很多学生都会感到崩溃。其实，“道法”的记忆不需要像语文课文那样一字不落地背诵，而是应该将理解和记忆相结合。这类信息的记忆可以分为两步。

第一步，用思维导图提取关键内容，梳理好层次结构。

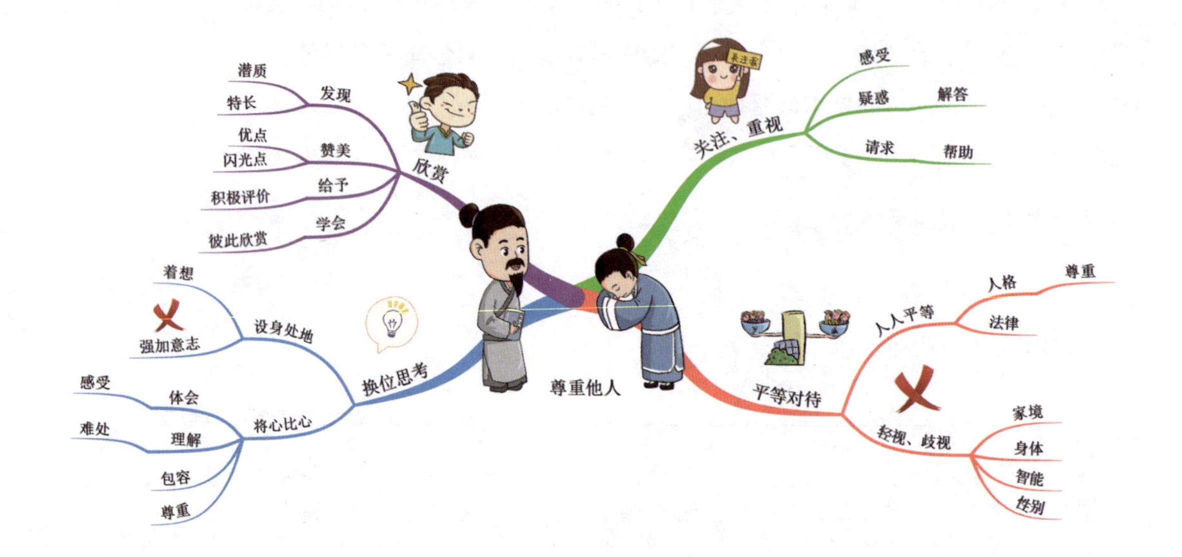


第二步，用记忆法记住关键内容。

尊重他人的关键内容为：积极关注、重视他人；平等对待他人；学会换位思考；学会欣赏他人。答题时，再围绕这四点展开。

## 【记忆秘诀】场景定位法

选择教室的场景，从后往前依次选四个定位点。

第一个定位点，举手的同学。想象他们举手是想要受到老师的关注和重视，记住积极关注、重视他人。

第二个定位点，前面未举手的两个同学，一个男孩，一个女孩。联想到男女平等，记住平等，即平等对待他人。

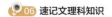

第三个定位点，老师。你走到老师那个位置，就是换位了，记住学会换位思考。

第四个定位点，老师举起的手。想象老师很欣赏同学们，举起手为同学们点赞，记住学会欣赏他人。

### 2. 社会主义核心价值观的内涵

我们在大街小巷都能看到社会主义核心价值观，其内涵是 24 个字，12 个词语。大家能一次性背出来吗?

富强、民主、文明、和谐是国家层面的价值目标。

自由、平等、公正、法治是社会层面的价值取向。

爱国、敬业、诚信、友善是公民个人层面的价值准则。

如果你能脱口而出地背诵，思考一下是通过什么方式记牢的呢？很可能是顺口记忆。

如果不能脱口而出，能说出一部分，但没有说全，就可以尝试用记忆法。选择口诀法也是可行的，比如提取关键字后的口诀分别是“富民文谐”“自等正治”“爱敬信善”，多读几遍就顺口了。我们再用其他方法举例。

**【记忆秘诀】场景定位法**

我们选三个场景来记忆三个不同的层面。

**场景一：** 用一座高铁站来辅助记忆，从外到里选取几个定位点。最外面的整座高铁站，是我们富强的国家建设的；第二个定位点，高铁站里有很多人候车，人们在交流，发表自己的意见，记住民主；第三个定位点，大家准备上车，列车员让大家文明乘车。什么车？和谐号，所以分别记住文明、和谐。

为了描述清楚顺序和场景画面，文字表述出的内容有点多，但在我们大脑中的顺序和图像会比较精简，图像和定位点的顺序一闪而过就能记住。接下来大家尝试选场景来记一记社会层面和个人层面的内容吧！

**小提示：** 好的场景，既能很自然地包含所记内容，又能让我们在记忆中加深对内容意思的理解。比如记忆“自由、平等、公正、法治”可以选法庭、奥运会、跆拳道比赛的场景。

**场景二：** ______________________________

**场景三：** ______________________________

### 3. 货币的职能

（1）价值尺度；（2）流通手段；（3）贮藏手段；（4）支付手段；（5）世界货币。

**【记忆秘诀】场景定位法**

分析内容后，我们可选择到商店买东西的场景来辅助记忆。假如你准备买 100 元的商品，掏出了 100 元钱付款。（100 元人民币衡量了 100 元的商品，由此记住价值尺度。）

付款成功（记住支付手段），店员把商品递给你，这个过程就有了流通（记住流通手段）。买完东西后，去银行存钱（记住贮藏手段）。钱存到了银行里，最终可以兑换成不同国家的货币（记住世界货币）。

在我们大脑中，精简为几个关键画面，即掏钱→付款→拿商品→去银行→兑换货币。

## 第二节　历史

历史学科的知识点大多都以时间和事件为背景，有事件就意味着有场景，所以对于历史学科的记忆，场景定位法和情景记忆法是常用的方法。

如果我们对中华文明五千年有个大概的时间框架，根据以熟记新原则，记忆新内容时，就能和大脑中已有的框架结构发生联结。所以学习历史，一定要融入时代背景中去学习。用记忆法记历史的知识点，时代背景才是联想的主要画面，尽可能少一些夸张的联想。也就是说，大脑中联想的“主要骨架”要比较符合真实的历史情况，“主要骨架”里面的零散知识点可以适当夸张联想。

例如，1127 年，金军攻破开封，北宋灭亡。

**不建议的联想方式：** 拿着金元宝买了筷子（11）和耳机（27）送（宋）人了。

这个联想的“主要骨架”是：买东西送人。很明显，它已经和历史没有一点关系了，不利于理解。

**正确联想方式：** 金军攻破开封（北宋灭亡）后，戴着黄金的耳机（27）听歌庆祝。

这个联想的“主要骨架”是：金军攻破开封，听歌庆祝。这基本上不会影响或扭曲我们对历史的理解。

为什么1127年前面的11不用联想记忆呢？因为我们大脑中会有一个范围，北宋960年建立，才过一两百年，自然就是11××年，我们肯定不会回忆成1927年。如果把11转化为筷子后，我们心里是没有11××年这个范围的概念的，或者说我们的注意力是放在筷子的联想上的，而非11××年这个范围上。

**所以，记忆法运用在需要理解的信息上时，最好建立在相对符合真实情况的大背景下，再适当夸张联想，而非用夸张或曲解其本意的联想作为大背景。**

## 实战应用

### 1. 商鞅变法

公元前356年，商鞅在秦孝公的支持下，商鞅推行一系列改革措施，使秦国的国力大为增强，为以后秦统一全国奠定了基础。

**商鞅变法的背景如下。**

经济上，铁制工具和牛耕的使用进一步推广，社会生产力水平不断提高。政治上，新兴地主阶级实力增强。

**【记忆秘诀】场景定位法**

整个场景的意思是地主在监督农民耕地，顺时针方向选取三个定位点，如下图所示。

第一个定位点，记住铁制工具和牛耕的使用进一步推广。

第二个定位点，牛耕地速度快，旁边的杂草一小会儿就堆起来了，代表社会生产力水平不断提高。

第三个定位点，地主秀肌肉，记住新兴地主阶级实力增强。

**商鞅变法的内容如下。**

| | |
|---|---|
| **政治** | （1）确立县制，由国君直接派官吏治理 |
| | （2）废除贵族的世袭特权 |
| | （3）改革户籍制度，加强对人民的管理 |
| | （4）严明法度，禁止私斗 |
| **经济** | （1）废除井田制，允许土地自由买卖 |
| | （2）鼓励耕织，生产粮食、布帛多的人可免除徭役 |
| | （3）统一度量衡 |
| **军事** | 奖励军功，对有军功者授予爵位并赏赐土地 |

**【记忆秘诀】场景定位法**

变法的内容分政治、经济、军事，可分开记忆。政治上的四点变法，我想到了衙门门口打架的场景，分别选四个定位点，如下图所示。

第一个定位点，县衙。联想到确立县制，而且是国君派人来管理。

第二个定位点，门。联想：门内的贵族不能把官位世袭给门外的儿子，因为门挡住了，记住废除贵族的世袭特权。

第三个定位点，军官。联想：军官在大街上查户口（记住改革户籍制度），为什么要查户口呢？因为要加强对人民的管理。

第四个定位点，两个人打架。记住严明法度，禁止私斗。

经济上的三条内容，可用同样的方法记忆。场景图如下图所示（第三个定位点那里是一个人在测量井口的宽度），大家可自行联想，尝试只用一遍记住。

军事上的变法，想象自己是士兵，立功了，获得了爵位和土地，可以再想象这是什么感受。

## 2. 古代史上以少胜多的著名战役

（1）巨鹿之战。公元前207年，项羽率领楚军在巨鹿歼灭秦军主力。

（2）官渡之战。200年，曹操军与袁绍军决战于官渡，击溃袁军主力。

（3）赤壁之战。208年，曹操率军南下，孙刘联军在赤壁大破曹操大军。

（4）淝水之战。383年，东晋军队在淝水打败前秦军。

### 【记忆秘诀】口诀记忆法和配对联想法

先用口诀法记牢这几个战役，提取关键字后的口诀是“肥鹿闭关→淝鹿壁官”，想象一只很肥的鹿在闭关修行。

再用配对联想法，记忆发生的时间。

巨鹿之战：想象项羽的军队里，居然还有人扛了两把（2）锄头（07）冲锋在前，可锄敌人，可锄鹿。

官渡之战：曹操打胜仗后当官，工资200元一天。

赤壁之战：曹操战败后，面壁思过，回去看北京奥运会（2008 年）。

淝水之战：3 看成一半花生，8 看成一整颗花生。“383”的左右半颗花生合在一起，就是中间像 8 一样的肥花生了。

### 3. 历史事件与年代

记忆要点：把年代转化为熟悉的事物，不一定非要转化成固定的数字编码。

**【记忆秘诀】配对联想法**

（1）商鞅在秦孝公的支持下开始第一次变法——公元前 356 年

联想记忆：商鞅与秦孝公因变法的事商量了近一年（365），注意 5 在 6 前。

（2）秦灭六国，秦朝建立——公元前 221 年

联想记忆：秦始皇建立秦朝很辛苦，前面有人给他按按腰（221），放松一下。

（3）张骞第一次出使西域——公元前 138 年

联想记忆：张骞到了西域，有一（1）位妇女（38）走在前面带路。

（4）东晋建立——317 年

联想记忆：东晋是由西晋皇族司马睿南迁后建立起来的王朝，想象司马睿派了 3 个人一起（17）建立东晋。

（5）北宋建立——960 年

联想记忆：和我国国土面积约 960 万平方千米联系起来，想象北宋时就预料了现在的国土面积。

（6）虎门销烟——1839 年

联想记忆：用一把（18）三角尺（39）测量有多少鸦片，全部销毁。

（7）工业革命开始——18 世纪中期

联想记忆：工业革命想到蒸汽机，蒸汽机上面有很多仪器（17），记住 17×× 年。

（8）第一次世界大战爆发——1914 年

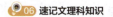

联想记忆：世界大战要死（14）很多人，还是和平好。

说明：1900 年后发生的事件离我们并不遥远，所以前面的 19 不用转化，稍加理解即可，把记忆的重点放在后面两位数字上。

（9）五四运动爆发——1919 年

联想记忆：想象青年学生游行时，高呼要救（19）要救（19）国家。

（10）红军开始二万五千里长征——1934 年

联想记忆：长征时条件虽然艰苦，但也要像绅士（34）一样多帮助战友。

（11）七七事变爆发——1937 年 7 月 7 日

联想记忆：通过观察可以发现，有 3 个 7，所以记住 37 年。

（12）我国第一颗原子弹爆炸成功——1964 年

联想记忆：原子弹上的螺丝（64）都拧紧了，或者想象我们造出了十全十美（1+9,6+4）的原子弹。

（13）改革开放提出——1978 年

联想记忆：邓小平爷爷说去改革吧！去吧（78），去吧。

### 4.《马关条约》的内容

（1）清政府割辽东半岛、台湾全岛及所有附属各岛屿、澎湖列岛给日本；

（2）赔偿日本兵费白银 2 亿两；

（3）开放沙市、重庆、苏州、杭州为商埠（bù）；允许日本在通商口岸开设工厂等。

用简洁的内容总结以上三点，就是割地、赔钱、打开通商的大门。为了加强记忆，先用一个情景作个类比，相信你一定会有记忆深刻的感觉。

想象你家里来了强盗，强盗说要把你家的厨房、卧室、院子都割让给他，还要你赔偿两亿元，再把你家的餐桌当成他们谈合作的场地，客厅里还放了一些用于他们生产制造的机器。如果是真的，你会是什么感觉?

这是情景记忆法和类比记忆的结合，想象自己家经历了这些事，能够刺激我们的情绪，引起共鸣，记忆自然会更深刻。

当然，大家还可以选择以地图作为定位图，选三个大的定位点进行联想记忆。定位点参考:第一个定位点选辽东半岛和台湾岛那一大块区域；第二个定位点选日本；第三个定位点选长江流域那一大块区域。选好后再联想内容即可。

## 选择题

1. 近代史上，使中国完全陷入半殖民地半封建社会的条约是（　　）。

A.《马关条约》　B.《南京条约》　C.《辛丑条约》　D.《北京条约》

《辛丑条约》是中国近代史上赔款数目最庞大、主权丧失最严重的不平等条约，从此，中国完全陷入半殖民地半封建社会的深渊。答案：C。

### 【记忆秘诀】配对联想法

赔款数目最庞大、主权丧失最严重（意味着完全陷入），这个行为太丑（辛丑）陋了。

2. 下列科技名著与作者对应错误是（　　）。

A.《本草纲目》——李时珍　B.《天工开物》——宋应星

C.《农政全书》——贾思勰（xié）　D.《徐霞客游记》——徐霞客

《农政全书》作者为徐光启。答案：C。

### 【记忆秘诀】配对联想法

《本草纲目》和《徐霞客游记》的作者容易记忆，可以不用联想。《天工开物》与宋应星简单联想为天上的星星。《农政全书》与徐光启联想为一道光开启了农业的全书。

# 第三节　地理

## 实战应用

### 1. 地理中的各项数据记忆

（1）地球的表面积约为5.1亿平方千米，平均半径约为6371千米，赤道周长约为4万千米。

单位都与千米有关，理解为主，主要联想记忆数据。

**【记忆秘诀】配对联想法**

表面积：想象地球表面上很多人在劳动（五一劳动节→5.1）。

平均半径：刘三姐（63）站在地球上吃奇异果（71）。（前面有提到过）

赤道周长：记住诗句“坐地日行八万里”（前面有提到过）。注：1里等于0.5千米。

（2）长江全长6300多千米，是我国最长的河流。黄河全长约5464千米，是我国第二长河。

**【记忆秘诀】比较联想法**

长江长度：按照以熟记新原则，把它和地球半径作比较，两个数据的记忆可以相互促进，加深印象。想象长江的长度从地球表面出发，刚好能到达地心。

**【记忆秘诀】配对联想法**

黄河长度：想象黄河为什么黄，因为“我是牛屎”（5464），把它染黄了。虽然有点恶心，但有利于记忆。

（3）我国陆地海拔最低点：新疆吐鲁番盆地的艾丁湖洼地，低于海平面约 154 米。

**【记忆秘诀】定位法**

用“丁”字作为定位，上面的“一”想象为海平面，“亅”想象为海平面与艾丁湖的高度差。联想：唉（艾），让我测量“丁”这样的高度差，感觉是要我死（154）啊！

（4）地球上的海陆比例：71% 是海洋，29% 是陆地。

**【记忆秘诀】联想法**

海陆比例比较简单，主要记住七三分，再稍微联想一下：太多奇异果（71）吃不完，全部倒进了海洋。

## 2. 挑战地理之最

（1）世界最长的河流——尼罗河，长度约 6670 千米。

**【记忆秘诀】联想法**

精确记忆：想象你落河（尼罗河）里了，看到河里的蝌蚪（66）在吃冰淇淋（70）。

**【记忆秘诀】比较联想法**

如果不需要记那么精确，就和地球半径 6371 千米或者长江长度约 6300 千米作对比。

联想：不愧是最长，居然比长江还长 300 多千米。

（2）世界上最长的人工运河——京杭大运河。

感知一下地图上北京到杭州的距离。（这里已经很精简了，其实可以不用记忆法。）

（3）世界上岛屿最多的海——爱琴海。

**【记忆秘诀】联想法**

想象一座岛屿代表一对情侣（爱情），岛屿最多即爱情（爱琴）最多。

（4）世界上落差最大的瀑布——安赫尔瀑布，总落差 900 多米。

**【记忆秘诀】联想法**

想到诗句“飞流直下三千尺（1000 米）”，就能记住落差 900 多米，瀑布里有一条暗河（暗河儿→安赫尔）。

（5）中国最大的盆地——塔里木盆地。

**【记忆秘诀】联想法**

把塔里的木头拆了，能围成一个最大的盆地。

### 3. 四大盆地

我国的四大盆地分别是塔里木盆地、准噶尔盆地、柴达木盆地、四川盆地。

**【记忆秘诀】口诀记忆法**

分别提取一个关键字后，编一个口诀“四柴准塔”，想象用四根柴，准备修建一座塔。

### 4. 七大洲四大洋

七大洲按面积从大到小分别是亚洲、非洲、北美洲、南美洲、南极洲、欧洲、大洋洲。

四大洋按面积从大到小分别是太平洋、大西洋、印度洋、北冰洋。

**【记忆秘诀】口诀记忆法**

提取关键字后，七大洲的口诀为“鸭飞北南美，南极呕大洋”，想象鸭（亚）子飞（非）去了北南美，南极的企鹅呕（欧）吐出一块大洋。

四大洋的口诀为“太大银杯”，想象把一个很大的银色奖杯扔进了海洋里。到记忆的后期，读得顺口后，还原成“太大印北”的口诀。

### 5. 陆地表面五种基本地形

| 地形 | 海拔 | 地表特征 |
|---|---|---|
| 高原 | 1000 米以上 | 外围较陡，内部起伏平缓 |
| 山地 | 500 米以上 | 有耸立的山峰，陡峭的山坡 |

续表

| 地形 | 海拔 | 地表特征 |
| --- | --- | --- |
| 盆地 | 无一定的标准 | 四周高，中间低 |
| 丘陵 | 500 米以下 | 坡度较缓，地面崎岖不平 |
| 平原 | 一般在 200 米以下 | 起伏较小，宽广平坦 |

大家看到有五个信息，第一反应可能是用口诀记忆法。但这里为了把地表特征也融入其中，选择绘图记忆法。把它们都包含在一幅容易理解的图中，如下图所示。

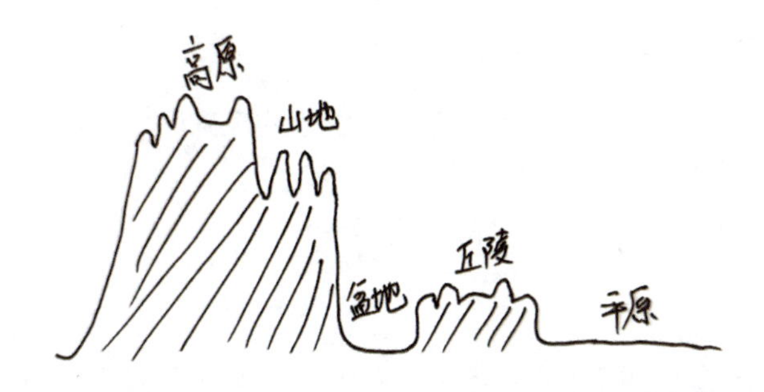


为了加深印象，还可以把该图形联想为骆驼背上的驼峰。通过绘图，我们就有了五个地形的整体记忆和对其地表特征的直观理解。

### 6. 省级行政区的名称与简称

先回忆一遍口诀记忆法中分享的省级行政区的记忆口诀：两湖两广两河山，云贵川西青陕甘，四市港澳台海内，五江二宁福吉安。

34 个省级行政区的口诀记住了，它们对应的简称见下表，大部分简称都取的是全称中的一个字，比如北京市，简称京。但有少部分的简称并非如此，我们就可以用配对联想法记忆。

| 名称 | 简称 | 配对联想 |
|---|---|---|
| 两湖两广两河山 | | |
| 湖南省 | 湘 | 湖南菜很香（湘），即湘菜 |
| 湖北省 | 鄂 | 湖的北边有鳄（鄂）鱼 |
| 广东省 | 粤 | 广东人说粤语 |
| 广西壮族自治区 | 桂 | 广西桂林——桂林山水甲天下 |
| 河南省 | 豫 | 犹豫要不要请河南开封的包青天看豫剧 |
| 河北省 | 冀 | 河的北边与田的北边作对比。田的北边是“冀” |
| 山东省 | 鲁 | 鲁智深上水泊梁山（山东）了 |
| 山西省 | 晋 | 进（晋）入了山西的煤矿里 |
| 云贵川西青陕甘 | | |
| 云南省 | 云或滇 | 冲上云端，到达巅（滇 diān）峰 |
| 贵州省 | 贵或黔 | — |
| 四川省 | 川或蜀 | — |
| 西藏自治区 | 藏 | — |
| 青海省 | 青 | — |
| 陕西省 | 陕或秦 | 联想到秦始皇 |
| 甘肃省 | 甘或陇 | — |
| 四市港澳台海内 | | |
| 北京市 | 京 | — |
| 天津市 | 津 | — |
| 上海市 | 沪 | 他的户（沪）籍在上海 |

续表

| 名称 | 简称 | 配对联想 |
| --- | --- | --- |
| 重庆市 | 渝 | 在重庆吃火锅鱼（渝） |
| 香港特别行政区 | 港 | — |
| 澳门特别行政区 | 澳 | — |
| 台湾省 | 台 | — |
| 海南省 | 琼 | 去海南岛玩，钱包掉了，只能穷（琼）游 |
| 内蒙古自治区 | 内蒙古 | — |
| 五江二宁福吉安 | | |
| 江西省 | 赣 | 记住江西赣（gàn）州盛产脐橙 |
| 江苏省 | 苏 | — |
| 浙江省 | 浙 | — |
| 新疆维吾尔自治区 | 新 | — |
| 黑龙江省 | 黑 | — |
| 宁夏回族自治区 | 宁 | — |
| 辽宁省 | 辽 | — |
| 福建省 | 闽 | 福建人说闽（mǐn）南语 |
| 吉林省 | 吉 | — |
| 安徽省 | 皖 | 俺会（安徽）玩（皖） |

## 选择题

1. 世界上国土面积排名第三的国家是（　　）。

A. 俄罗斯　B. 加拿大　C. 中国　D. 美国

正确答案：C。

**【记忆秘诀】口诀记忆法**

各国领土面积排名从大到小依次是俄罗斯、加拿大、中国、美国，口诀为“我家中，美”。

2. 关于中国领土四至点错误的是（　　）。

A. 最东端：黑龙江与乌江交汇处

B. 最南端：海南省南沙群岛的曾母暗沙

C. 最西端：新疆的帕米尔高原上

D. 最北端：黑龙江省漠河市北端的黑龙江主航道中心线上

最东端应该是黑龙江与乌苏里江交汇处，正确答案：A。

**【记忆秘诀】配对联想法**

主要联想记忆关键部分。

最东端联想为：走了无数里（乌苏里）路去看日出（东）。（黑龙江无须联想，理解即可。）

最南端联想为：曾祖母（曾母暗沙）去南端的沙滩上看海。

最西端联想为：怕眯（帕米尔）眼，看不到日落（西）了。

最北端联想为：漠河在最北端，养成了冷漠的性格。

## 第四节　数学与物理

数学与物理的学习主要靠理解、分析、推理等，需要记忆的内容相对较少，但记忆方法有时也能派上用场，一起来看看如何运用。

## 实战应用

### 1. 常用的单位换算

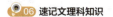

我们主要联想和记忆的是单位换算中的数值，联想时最好在一个具体的例子中联想，这样才能理解数值代表的范围或大小。

比如“1 千米≈ 0.62 英里”，直接联想：英国的牛儿（62）跑了一千米。

融入具体场景后的联想：英国的牛儿（62）在我们学校操场里奔跑了两圈半（一千米）。标准的操场一圈 400 米。

后者融入具体的场景后，相当于有一个具体的定位，不仅记得深刻，也能理解其范围或大小。

#### 【记忆秘诀】举例联想法

（1）3 寸 =10 厘米

联想：想到三寸不烂之舌，目前世界上最长的舌头就有 10 厘米多一点。

（2）1 海里≈ 1.85 千米

联想：海里面多了一个宝物（85）。

（3）1 亩≈ 666.67 平方米

联想：竖起一个大拇（亩）指，给人点赞 666。（小数点后为循环的 6。）

再找一个熟悉的面积进行理解，比如自己家有 100 平方米，那 1 亩就有近 7 个家那么大。

（4）1 千克≈ 2.2 磅

联想：去菜市场买了两斤（1 千克）肉，一对双胞胎（2.2）小孩说好棒！终于可以吃肉了。（在这个特定情形下，2.2 完全可以转化为双胞胎，不用担心和 22 混淆。）

无论是长度、面积还是重量，想要对其范围或大小有敏锐的感知，最好的方式就是多拿自己熟悉的事物来衡量。

## 2. 三原色

光的三原色：红、绿、蓝。三种色光按照不同的比例混合可以产生不同的色光。

颜料的三原色：品红、黄、青。三色颜料按照不同的比例混合能产生各种颜色。

这里的难点不在于记忆，而是很容易混淆。我们用记忆法来做区分。

**【记忆秘诀】场景定位法**

光的三原色：只需联想到在蓝天白云下过红绿灯的场景。

**【记忆秘诀】物体定位法**

颜料的三原色：用颜料画了一朵花，品红色的花朵，还有刚长出的叶子（青）和枯萎了的叶子（黄）。

## 3. 三大宇宙速度

三大宇宙速度分别指的是航天器达到环绕地球、脱离地球和飞出太阳系所需要的最小发射速度。

第一宇宙速度：7.9km/s。航天器达到这个速度时，就会环绕地球运行，不会落回到地面上。

第二宇宙速度：11.2km/s。航天器达到这个速度时，就可以摆脱地球引力的束缚，飞离地球进入环绕太阳运行的轨道，不再绕地球运行。

第三宇宙速度：16.7km/s。航天器达到这个速度时，无须后续加速就可以摆脱太阳引力的束缚，脱离太阳系进入更广袤的宇宙空间。

先来感受和理解一下这个速度有多快，找到一段自己熟悉的距离来感知。假如你家离学校距离是 4 千米，第一宇宙速度就可以用一秒钟的时间走个来回。

**【记忆秘诀】故事法**

想象航天器以最小速度围绕着谁转，就是拍谁的马屁。（仅为了辅助记忆，勿曲解成其他意思。）

第一宇宙速度：吃了点酒（7.9），就拍地球的马屁，围绕地球转。

第二宇宙速度：想要向太阳要一点儿（11.2）光，所以去拍太阳的马屁，围绕太阳转。

第三宇宙速度：航天器冲出了太阳系，拼命挣脱后还剩一口气，即要留点气（16.7）去拍银河系的马屁。

### 4. 各类数据相关知识点

（1）我们人耳能听到的声波频率为 20Hz~20000Hz，频率低于 20Hz 的声波为次声波，高于 20000Hz 的声波为超声波。

**【记忆秘诀】物体定位法**

主要记住人耳能听到的声波频率为 20Hz~20000Hz。次声波和超声波理解即可。想象耳朵里有耳屎（20），花了 2 万块钱才掏干净。

（2）声音在 15℃的空气中的传播速度是 340m/s。

**【记忆秘诀】举例联想法**

以我们熟悉的操场（标准田径场跑道为 400 米）举例。春季（气温大约 15℃）运动会时，作为绅士（34 → 340）的你，吼一嗓子，一秒钟的时间声音传播的距离就和同学们跑一圈差不多了。

（3）光在真空中的传播速度约为 30 万千米 / 秒。

**【记忆秘诀】举例联想法**

地球赤道周长约为 4 万千米，一秒钟，光居然能绕地球 7.5 圈。我花了 30 万买的那辆破三轮车（30）一辈子也达不到这个速度。（两个 30 可以加深记忆）

## 选择题

1. 以下金属导电性最好的是（　　）。

A. 银　B. 铜　C. 金　D. 铝

这四种金属的导电性从强到弱分别是银、铜、金、铝。答案：A。

**【记忆秘诀】口诀记忆法**

口诀为：“银铜金驴→银铜金铝”，想象奖牌的顺序金银铜，驴把金牌偷到后面去了。

2. 以下说法错误的是（　　）。

A. 无限不循环小数叫作无理数　B. 有理数和无理数统称实数

C. 0 既不是有理数也不是无理数　D. 无限循环小数是有理数

答案：C。

**【记忆秘诀】举例联想法**

只需拿 π 举例，即可分辨所有有理数和无理数。除了 π（无限不循环）这种类型的都是有理数，在实数范围内，非此即彼（不是“有”就是“无”）。

# 第五节　化学

## 实战应用

### 1. 化学元素周期表

很多化学老师说："化学要想学得好，先背元素周期表。"元素周期表是初三和高中学生必背的内容，不仅要求横着背、竖着背，还要记住元素对应的符号、相对原子质量、化合价等。

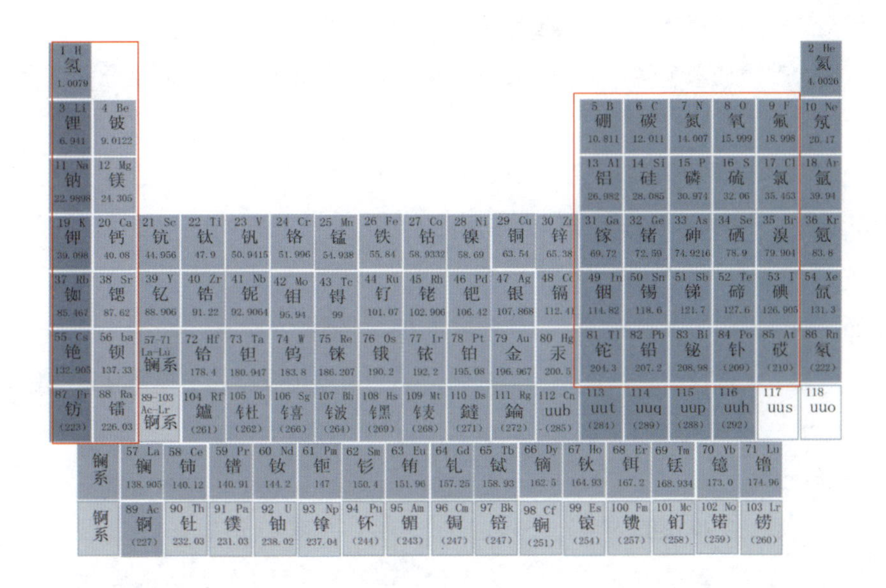

#### （1）前 20 位元素

横向背诵，只需记牢前 20 位，并且要背得滚瓜烂熟。我们选择谐音法或口诀法来辅助前期的记忆。记忆的后期背得顺口后，就可以把谐音"撤掉"了。

氢 (H)、氦 (He)、锂 (Li)、铍 (Be)、硼 (B)、碳 (C)、氮 (N)、氧 (O)、氟 (F)、氖 (Ne)、钠 (Na)、镁 (Mg)、铝 (Al)、硅 (Si)、磷 (p)、硫 (S)、氯 (Cl)、氩 (Ar)、钾 (K)、钙 (Ca)。

**【记忆秘诀】谐音法**

谐音为：青海李皮鹏，谈单养父来，那美旅归零，刘绿压假盖。

再用故事法疏通其意思，想到青海的李皮鹏同学要谈一个大单，他搞不定，只有让养父来谈。回去后，把青海那个美好的旅程通通忘掉（归零），看到刘绿同学在锻炼身体，把腿压在了假的井盖上。

注意，这里的故事不需要记忆，故事只是起到疏通逻辑的作用，相当于给谐音内容做一个解释，比如"刘绿压假盖"是什么意思呢？哦！原来是刘绿同学锻炼时在假的井盖上压腿。

记忆的前期：记忆的重点和注意力放在谐音上，即青海李皮鹏……

记忆的后期："谐音"读得比较顺口后，记忆的重点和注意力应该转移到原内容上，即氢氦锂铍硼……

**（2）主族元素**

主族元素就是红色框里的内容，一列为一个主族，共有 7 个主族，这是我们高中必背的内容，只需竖着背诵。最右边一列属于稀有气体，虽然不属于主族，但也需要记住。

乍一看，很多字都不认识，更别说背诵了。如果用谐音法转化成我们熟悉的一些内容，记起来就会轻松许多。

容易读错的字已标注拼音，其他字的一半基本上就是正确的读音，比如"氩"与"亚"同音，"砷"与"申"同音，"氪"与"克"同音。

| | | |
| --- | --- | --- |
| Ⅰ A 族 | 元素 | **氢锂钠钾铷（rú）铯钫（fāng）** |
| | 谐音 | 清理那家乳色房 |
| | 故事 | 清理那家乳白色的房子 |
| Ⅱ A 族 | 元素 | **铍镁钙锶钡镭（léi）** |
| | 谐音 | 皮美丐思贝类 |
| | 故事 | 皮肤美白后的乞丐思念贝类（可能是他吃了贝类皮肤好） |
| Ⅲ A 族 | 元素 | **硼铝镓铟铊（tā）** |
| | 谐音 | 朋吕家因他 |
| | 故事 | 去朋友吕洞宾家看望他，因为他被狗咬了 |
| ⅣA 族 | 元素 | **碳硅锗锡（xī）铅** |
| | 谐音 | 探归者西迁 |
| | 故事 | 探路归来的人（者），发现西边适合居住，准备西迁 |
| ⅤA 族 | 元素 | **氮（dàn）磷砷锑（tī）铋（bì）** |
| | 谐音 | 蛋 0 身体比 |
| | 故事 | 鸡蛋和“0”比身体，谁更圆 |

续表

| | | | |
|---|---|---|---|
| ⅥA 族 | 元素 | **氧（yǎng）硫硒碲（dì）钋（pō）** | |
| | 谐音 | 羊留西地坡 | |
| | 故事 | 小羊留在了西边草地的山坡上吃草 | |
| ⅦA 族 | 元素 | **氟氯（lǜ）溴（xiù）碘砹** | |
| | 谐音 | 拂绿秀点爱 | |
| | 故事 | 在飘拂的绿色柳树下面秀点恩爱 | |
| 0 族 | 元素 | **氦（hài）氖氩氪氙（xiān）氡** | |
| | 谐音 | 还来牙科仙洞 | |
| | 故事 | 还来看牙科，在仙洞里看 | |

把谐音内容读顺口后，将注意力慢慢地转移到原内容上。我们先把这些口诀记牢，至于元素的性质、属于哪个族等内容，化学老师讲到时我们自然会明白。

**（3）元素符号**

学化学时，常见的元素符号大家记得牢，但不常用的很容易忘记，我们只需用配对联想法就能加深记忆。比如汞元素的符号是 Hg，联想：水银体温计里的汞很（h）贵（g）。镍（niè）元素的符号是 Ni，联想：你（ni）捏自己，疼不疼?

**（4）相对原子质量**

记牢元素的相对原子质量，有助于提高做题的速度。同学们可以用配对联想法记住一些常用元素的相对原子质量。比如锰（Mn）的相对原子质量为 55，联想：呜呜呜（55），哭得很猛；镁（Mg）的相对原子质量为 24，联想：一天（24 小时）都美滋滋的。

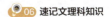

## 2. 制氧气实验步骤

用高锰酸钾制取氧气是常考题，用排水法收集氧气的实验步骤如下。

（1）“查”：检查装置的气密性。

（2）“装”：将药品装入试管。

（3）“定”：把试管固定在铁架台上。

（4）“点”：点燃酒精灯。

（5）“收”：收集氧气。

（6）“离”：撤离导管。

（7）“熄”：熄灭酒精灯。

关键字已经提取好了，相信大家一眼就能看出用哪种记忆方法。没错，就是口诀法，口诀为“查装定点收离熄”。为了更快记住，谐音后的口诀为“茶庄定点收利息”。想象坐在茶庄里，定点收别人的利息，然后还原出每个字代表的意思。

## 3. 化学物质的颜色

| 物质名称 | 化学式 | 颜色 | 联想（联想关键点即可） |
|---|---|---|---|
| 硫黄（硫） | $S$ | 淡黄色固体 | 黄→黄色 |
| 氧化铜 | $CuO$ | 黑色粉末 | 黑色的话筒 |
| 四氧化三铁 | $Fe_3O_4$ | 黑色晶体 | 四只黑色的羊 |
| 二氧化锰 | $MnO_2$ | 黑色固体 | 俩猛男是黑人 |
| 氢氧化铜 | $Cu(OH)_2$ | 蓝色沉淀 | 青铜，游戏打得烂（蓝） |
| 高锰酸钾 | $KMnO_4$ | 紫黑色固体 | 高大威猛的拳击选手嘴唇被打得发紫发黑 |

还有物质燃烧产生的颜色、溶液颜色，都可以通过联想加深记忆。当然，最牢固的记忆还是亲自参与实验，认真观察其颜色，联想只是辅助记忆。

### 选择题

1. 下面不属于三大合成材料的是（　　）。

A. 塑料　　B. 合成纤维　　C. 铝合金　　D. 合成橡胶

三大合成材料分别是塑料、合成纤（xiān）维、合成橡胶。答案：C。

**【记忆秘诀】场景定位法**

想到同学们搬凳子到操场看运动会的场景。从上往下选三个定位点，同学坐在凳子上，由他穿的衣服联想到合成纤维，塑料凳子联想到塑料，操场的橡胶跑道联想到合成橡胶。

当然，用口诀法也没有问题，口诀为“千像素→纤橡塑”。

2. 地壳中含量最多的元素是（　　）。

A. 氧　　B. 硅　　C. 铝　　D. 铁

地壳中的元素含量排名前八的分别是氧、硅、铝、铁、钙、钠、钾、镁。答案：A。

**【记忆秘诀】口诀记忆法**

谐音后的口诀为“养闺女，铁盖哪家美”。

想象对着养的闺女说，铁盖的房子，哪家更美。

## 第六节　生物

**实战应用**

1. 生物的七个等级分类单位

为了更好地厘清生物之间的亲缘关系，生物学家根据生物在形态结构和生理功能上的相似程度，把它们分成不同等级的七个分类单位，从大到小的等级分别是：

界、门、纲、目、科、属、种。

为了让大家更容易理解，我们分别以人、马、水稻来举例。

| 分类单位 | 人所属的分类等级 | 马所属的分类等级 | 水稻所属的分类等级 |
| --- | --- | --- | --- |
| 界 | 动物界 | 动物界 | 植物界 |
| 门 | 脊索动物门 | 脊索动物门 | 种子植物门 |
| 纲 | 哺乳纲 | 哺乳纲 | 单子叶植物纲 |
| 目 | 灵长目 | 奇蹄目 | 禾本目 |
| 科 | 人科 | 马科 | 禾本科 |
| 属 | 人属 | 马属 | 水稻属 |
| 种 | 智人种 | 马 | 水稻 |

如何记忆这七个分类单位呢？短短七个字，用谐音法或口诀记忆法相对来说更好记。

**【记忆秘诀】谐音法**

谐音为：街门钢木棵树种。（理解为街道的门前有一块钢木做支撑，还要种一棵树来支撑。）

当复习几次，读得比较顺口后，就还原成正确的字的口诀，即“界门纲目科属种”。

### 2. 植物细胞与动物细胞

植物细胞的基本结构包括细胞壁、细胞膜、细胞质、细胞核。其中细胞质中有许多忙碌不停的“车间”，如线粒体、叶绿体、内质网、高尔基体、核糖体等，它们统称为细胞器。（植物的绿色部分有叶绿体。)

动物细胞的基本结构包括细胞膜、细胞质、细胞核三部分。细胞质中也有线粒体，但与植物细胞相比，不具有细胞壁、叶绿体，也没有中央大液泡。我们用思维导图的形式来厘清它们之间的关系。

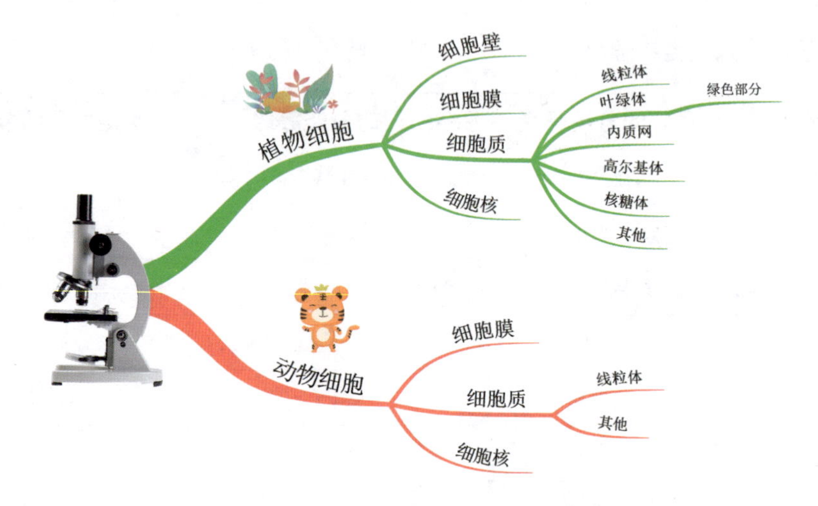


厘清关系后，用一个小口诀“墨汁盒→膜质核”来记住动物细胞的主要部分。植物细胞再加上细胞壁，可再编一个口诀“笔墨纸盒→壁膜质核”。

至于细胞质所包含的部分，大家可以尝试自行编口诀记忆。

### 3. 人体必需氨基酸

人体必需氨基酸，指人体不能合成或合成速度远不适应机体的需要，必须由食物蛋白供给，这些氨基酸称为必需氨基酸，共计 8 种，它们分别是:

> 缬氨酸(xié ān suān)、赖氨酸、色氨酸、苯丙氨酸、甲硫氨酸、苏氨酸、异亮氨酸、亮氨酸。

观察可发现，都是某氨酸，所以可以提取关键字，再调整顺序后编一个顺口的口诀。

**【记忆秘诀】口诀记忆法**

口诀：携来六本亮色书。

还原时注意，“六”对应的是甲硫氨酸；“本”对应苯丙氨酸；“亮”对应异亮氨酸和亮氨酸两种；“书”对应苏氨酸。

### 4. 人体的四大基本组织

细胞是人体结构和功能的基本单位，细胞与细胞间质组成组织，由组织构成器官，器官组成系统，八大系统组成人体。其中，人体有四大组织，分别是：

上皮组织、结缔（dì）组织、肌肉组织、神经组织。

上皮组织起到保护和分泌的功能，如皮肤上皮。

结缔组织由细胞和大量细胞间质构成，在体内广泛分布，具有连接、支持、营养、保护等多种功能，如骨组织、血液。

肌肉组织起到收缩、舒张功能，如平滑肌、骨骼肌。

神经组织主要由神经细胞构成，起到调节和控制作用。

**【记忆秘诀】身体定位法**

分别选取大腿和脚作为定位点。

大腿：跑步需要神经的控制，跑得越多，大腿上肌肉越大。

脚：脚上也有皮肤，跑步时脚要接地（结缔）。

## 选择题

1. 某同学最近一到傍晚就看不清东西，他应该多吃的食物是（　　）。

A. 豆类　　B. 蛋白粉　　C. 新鲜蔬菜、橘子　　D. 胡萝卜、动物肝脏、鱼肝油

该同学很可能是夜盲症，在光线昏暗的环境下看不清东西，该症状一般缺乏维生素 A，胡萝卜、动物肝脏、鱼肝油可补充维生素 A。正确答案：D。

**【记忆秘诀】定位法**

用“A”的形状来联想记忆，从上往下，就像视野越来越宽阔，但中间的横线遮住了视线，就看不清了。（记住看不清是因为缺乏维生素 A。）

再联想一只视力不好的兔子，不仅喜欢吃胡萝卜，还喜欢吃“两个肝”，即鱼肝油和动物肝脏。（记住胡萝卜、鱼肝油、动物肝脏。）

**2. 三大营养物质是指（　　）。**

A. 糖类、脂肪、蛋白质　　B. 水果、肉类、蔬菜

C. 蛋白质、维生素、膳食纤维　　D. 无机盐、膳食纤维、脂肪

正确答案：A。

**【记忆秘诀】定位法**

用“早中晚”作为定位辅助记忆。联想：早餐吃鸡蛋（蛋白质）；中午吃大鱼大肉，吃了很多肥肉（脂肪）；晚上睡觉前最好不要吃糖（糖类）。

除了三大营养物质，还有维生素、无机盐、水和膳食纤维，这七大类都称为营养物质。后面四类大家可以尝试用所学方法记忆。小提示：只需用盐水洗苹果这一个画面进行联想就能记牢它们。

**3. 以下哪个内分泌腺出现问题，可能会导致侏儒症（　　）。**

A. 垂体　　B. 胰岛

C. 肾上腺　　D. 胸腺

垂体分泌生长激素，促进人体生长发育。正确答案：A。

**【记忆秘诀】口诀记忆法**

编一个简短口诀：锤长。想象用锤子锤头，越锤长得越高。

# 07 各类证书考试的记忆

记忆力并不是智慧；但没有记忆力还成什么智慧呢？

——哈柏

从学生时代毕业后，以为再也不用考试了，没想到步入社会后，还需要考取各种证书。而对于大部分上班族来说，根本没有那么多的备考时间，这时就需要用到一些方法来提高效率，节约时间。其中，记忆方法一定是我们备考路上的“神器”。下面就分享一些记忆法在应对各种考试备考时的应用。

## 第一节　教师资格考试题

### 1. 中小学教师职业道德规范 6 条基本内容

（1）爱国守法；（2）爱岗敬业；（3）关爱学生；
（4）教书育人；（5）为人师表；（6）终身学习。

**【记忆秘诀】口诀法 + 场景定位法**

口诀为“三爱两人一终身”，再用场景法记忆，有助于加深理解。

选教室的一个场景，再选三个定位点来联想记忆。

第一个定位点，黑板上方的国旗（如果没有，想象有）。由国旗很容易想到爱国，国家提供了教书的岗位，所以由国旗可记住爱国守法和爱岗敬业。

第二个定位点，自习课时，在讲台上带领学生们看书的老师。带领大家看书联想到为人师表，看书联想到终身学习。

第三个定位点，老师走到后排看是否有人没听讲的画面。走到后排联想到关爱学生，同时边走边讲课，联想到教书育人。

注意：可选一个独特的教室或卡通的教室，避免因同一间教室多次使用，造成混淆。

## 2. 简述学校心理辅导的基本原则

（1）面向全体学生原则；

（2）预防与发展相结合原则；

（3）尊重与理解学生原则；

（4）学生主体性原则；

（5）个别化对待原则；

（6）整体性发展原则。

### 【记忆秘诀】情景记忆法

情景一：老师面向全体学生讲如何预防不良情绪的出现，让同学们的心理有好的发展。

情景二：讲完后，走到一位默不作声的学生跟前，俯下身，倾听学生的想法（记住尊重与理解），这位学生主动说出了很多想法（记住学生主体性）。

情景三：老师往后面看，看到有一位同学爬到窗户上听课（上课爬窗户→很调皮→要个别化对待）。由爬窗户联想到体能好，记住同学们要德、智、体整体性发展。

记忆这类题型，**抓住两个核心要点：第一，找到一个场景或情景，能一次性容纳所记信息；第二，注意该场景或情景里的每个“小片段”（也就是定位点）适合联想什么内容，以及厘清定位点之间的顺序。**

### 3. 小学德育过程

学生的思想品德由**知**、**情**、**意**、**行**四个心理因素构成。德育过程也就是对这四个品德的培养过程。知即品德认识，包括品德知识和道德判断；情即品德情感，对客观事物做是非、善恶判断时引起的内心体验；意即品德意志，表现为能用理智战胜欲望，排除各种干扰，坚持到底；行即品德行为，是衡量一个人品德修养水平的重要标志，它是通过实践或练习形成的。

**【记忆秘诀】口诀法 + 举例联想法**

口诀就是“知情意行”，再简单联想：想象知情人一意孤行。

“知情意行”这四个字代表的意思理解即可，或找个具体场景来举例。比如要理解“情”，就想到以前陪小孩过红绿灯的一个场景，小孩看到别人闯红灯（对客观事物做是非、善恶判断）时，你问他是什么感受（内心体验）。

简单来说，就是把需要记忆和理解的知识点放进一个具体的案例或场景中，剩下的“知意行”的记忆和理解，大家也可按照此方法来尝试记忆。

## 第二节　建造师考试题

### 1．业主方的项目管理目标包括（　　）。

A. 项目的质量目标

B. 工程建设的安全管理目标

C. 项目的总投资目标

D. 设计的成本目标

E. 项目的进度目标

答案：ACE。选项 B 由施工方负责，选项 D 由设计方负责。刷题时常看到“三控三管一协调”，具体指的是什么内容呢？三控：质量、进度、成本（投资）控制；三管：安全、合同、信息管理；一协调：组织与协调。业主方、施工方、设计方、供货方负责各自的“三控三管一协调”。

**【记忆秘诀】口诀法＋定位法**

口诀为：“三控三管一协调”。“三控”用一栋高楼的场景记忆，从下往上选三个定位点，①打牢地基和基础联想到质量；②从一层修到顶层联想到进度；③修完后要给钱联想到成本。

“三管一协调”联想到一个拿着合同的包工头给工人开会的场景。①包工头戴的安全帽联想到安全；②手里的合同以及翻开合同有很多信息（记住合同与信息管理）；③包工头组织大家一起开会（记住组织与协调）。厘清定位点的顺序：安全帽→合同→开会。

2. 工程量清单计价中，分部分项工程的综合单价主要费用除了人工费、材料费、机械费外，还有（　　）。

A. 规费、税金　　B. 税金、利润　　C. 利润、管理费　　D. 规费、措施费

答案：C。“人材机”或“工料机”容易记忆，主要是后面两项（利润、管理费）容易混淆。

**【记忆秘诀】场景定位法**

想象你在监督工人砌一堵墙（记住分部分项工程），你在监督与管理他（联想记住管理费），你还能拿到工资（联想记住利润）。

3. 一次事故中造成 9 人死亡的事故属于（　　）。

A. 特别重大事故　　B. 重大事故　　C. 较大事故　　D. 一般事故

答案：C。特别重大事故是指造成 30 人以上死亡；重大事故是指造成 10 人以上 30 人以下死亡；较大事故是指造成 3 人以上 10 人以下死亡；一般事故是指造成 3 人以下死亡。（所称的“以上”包括本数，所称的“以下”不包括本数。）

**【记忆秘诀】联想法（找规律和联系）**

由这些数字可联想到“3-10-3”这样一个对称的结构，就能记住“30-10-3”。或者

编一个简单的口诀“三十三”。记住数字后，考试再考到属于什么事故时，就可以通过推理得出。

## 第三节　驾照考试题

驾照考试一共有四个科目，每个科目都可以用到记忆技巧，比如驾校的教练会教我们很多“看点”的记忆技巧。但在科目一和科目四的笔试部分，就需要我们自己掌握一些方法。

笔试部分的记忆策略是先下载 App 刷题，凭自己掌握的知识来答题，答对的就不用管，答错的会进入错题集，再多看几遍解析就能记牢。但有部分题容易混淆，比较难记，比如数字类、标志类和情景模拟类等题目，我们可用记忆方法逐个击破。

### 一、数字类易混淆题

1. 年满 20 周岁，可以初次申请下列哪种准驾车型?

A. 大型货车　B. 大型客车　C. 中型客车　D. 牵引车

正确答案：A。

**【记忆秘诀】配对联想法**

20 岁的小伙开着装一车香烟（20）的大型货车。

2. 夜间驾驶机动车在道路上会车，为避免对方驾驶人眩目，应距离对向来车多远改用近光灯?

A. 200 米以外　B. 150 米以外　C. 100 米以外　D. 50 米以外

正确答案：B。

**【记忆秘诀】场景定位法**

150 谐音为“要我命”，想象在夜间开车的情形，对方车辆开着远光灯，太刺眼了，简直是要我命呀！

### 3. 在没有道路中心线的城市道路上行驶的最高速度不能超过多少？

A. 30 公里 / 小时　B. 40 公里 / 小时　C. 50 公里 / 小时　D. 70 公里 / 小时

正确答案：A。没有道路中心线的道路，城市道路的限速为 30 公里 / 小时，公路的限速为 40 公里 / 小时；同方向只有一条机动车道的道路（即双向单车道），城市道路的限速为 50 公里 / 小时，公路的限速为 70 公里 / 小时。

**【记忆秘诀】物体定位法（公路定位）**

想到一条没有中心线的道路，因为没有线，所以开车要“三思而后行”，其中“三思→34→30 和 40”。

如果有一条中心线（同方向只有一条机动车道的道路），想象这条线就像“武器”一样守护着所有车辆，“武器→57→50 和 70”。

## 二、易混淆的标志

右图这个标志是何含义？

A. 禁止驶入　B. 禁止通行　C. 临时停车　D. 禁止开灯

正确答案：B。此标志很容易和禁止驶入混淆。

禁止通行

禁止驶入

**【记忆秘诀】联想法**

“禁止通行”的意思是人和车都不能通行。标志联想为太阳，太热了，行人和车辆都不敢靠近。

“禁止驶入”的意思是车不能过，人可以过。将标志中间的横线看成很窄的洞，想象人趴着还是能爬进去，这么窄，车肯定过不了。还可以由“驶”想到驾驶，故只约束车。

## 三、驾考上车步骤

考科目二和科目三时，很多人因为紧张，忘记必要步骤，导致考试不及格，比如忘记系安全带、忘记松手刹等。其实用口诀记住关键步骤，完全可以避免类似情况的发生。

上车前后有一系列的步骤：

（1）绕车一周检查；（2）系安全带；（3）发动汽车；（4）挂一挡；（5）打左转向灯；（6）鸣喇叭（声音）；（7）松手刹。

我们只需用口诀记住易忘记的关键步骤即可，发动汽车和挂一挡这两步就不用编入口诀中了，一般不会忘。易忘步骤有（1）（2）（5）（6）（7），分别提取关键字为绕、带、左、声、刹。

**【记忆秘诀】口诀记忆法**

口诀为：“绕带左声沙”。想象被绕了一条带子的音响，左声道沙沙作响。

考试时，默念这个口诀，关键步骤就一定不会忘记。我以前考驾照时就编过很多口诀，考试时心里特别有底。大家也可以按照类似的方法，编一些好记的口诀，这样能助你顺利通过考试。

## 第四节　公务员考试题

公务员考试虽然不是考证，但考的人也很多。笔试部分考“行政职业能力测验”和“申论”。“行政职业能力测验”考察的知识面非常广，会涉及常识知识、数量推理、图形推理、语言表达与理解等考点，需要记忆的知识也多，那么记忆法就派上用场了。

1. 下列关于我国公务员制度的表述，不正确的是（　　）。

A. 曾被开除公职的人员，不得录用为公务员

B. 工作年限满三十年的公务员，可以申请提前退休

C. 公务员职位类别划分为综合管理类、专业技术类和行政执法类等类别

D. 对公务员重点考核思想品德与工作能力

答案：D。重点考核的是工作实绩。首先分析哪些是容易理解记忆的，对不容易记忆的才用记忆方法。A、D 选项容易理解。B 选项可以用举例联想法，假如自己 20 岁考上了公务员，50 岁就可以申请提前退休，你是什么感觉呢？C 选项可以用公司里的管理岗位、技术岗位、行政岗位作类比联想记忆。

2. 下列对公务员的处分的说法中，不正确的一项是（　　）。

A. 处分种类包括警告、记过、记大过、降级、撤职、开除六种

B. 处分决定应当以书面的形式通知公务员本人

C. 受警告处分的期间为 6 个月

D. 记大过、降级、撤职的期间为 24 个月

答案：D。受警告、记过、记大过、降级、撤职处分的期间分别为 6 个月、12 个月、18 个月、24 个月、24 个月，降级和撤职的期间是 24 个月，可理解记忆。A 选项的处分种类的严重程度依次增强，“首尾”的警告和开除不用记，记忆重点放在中间的四种上，先是两个“记过”，再严重一点就是降级、撤职。B 选项可以想象画面：递一份材料给受处分的公务员。C 选项想象画面：被用勺子（6）警告。

**3. 八大行星中，离太阳最近的行星是（　　）。**

A. 火星　　B. 金星　　C. 水星　　D. 木星

答案：C。离太阳由近到远的行星依次是水星、金星、地球、火星、木星、土星、天王星、海王星。可用口诀记忆法，口诀为“水晶球，火木头”，想象水晶球砸到了带火的木头，再还原成“水金球，火木土”。天王星和海王星为什么不用编入口诀呢？因为它们距离太阳很远。

**4. 我国是一个统一的多民族国家，下列不属于我国民族的是（　　）。**

A. 朝鲜族　　B. 诺基族　　C. 乌孜别克族　　D. 水族

答案：B。只有基诺族，没有诺基族。如果想要把 56 个民族都记牢，给大家推荐以下几种方法。

第一，数字密码法，用1~56的编码，一个数字编码联想一个民族，比如钥匙（14）联想白族，想象有一把白色的钥匙。

第二，口诀记忆法，需要先分类整理，比如第一句口诀“汉满傈僳景颇壮”（汉族、满族、傈僳族、景颇族、壮族）。

第三，定位法，不管用什么定位法都可以，如记忆宫殿、身体定位、场景定位等。每个定位点上联想四个民族（因为会多次复习，所以不用担心混淆）。比如用身体定位，头上联想汉族、满族、白族、蒙古族。想象头上戴了一个白色的蒙古包，满头大汗。

下面给大家罗列了 56 个民族，排序不分先后。大家可以选一种方法来记忆。（为了利于记忆，可重新调整顺序。）

| 汉族 | 土家族 | 柯尔克孜族 | 乌孜别克族 |
|---|---|---|---|
| 蒙古族 | 哈尼族 | 土族 | 俄罗斯族 |
| 回族 | 哈萨克族 | 达斡（wò）尔族 | 鄂温克族 |
| 藏族 | 傣（dǎi）族 | 仫佬（mù lǎo）族 | 德昂族 |
| 维吾尔族 | 黎族 | 羌（qiāng）族 | 保安族 |
| 苗族 | 傈僳（lì sù）族 | 布朗族 | 裕（yù）固族 |
| 彝（yí）族 | 佤（wǎ）族 | 撒拉族 | 京族 |
| 壮族 | 畲（shē）族 | 毛南族 | 塔塔尔族 |
| 布依族 | 高山族 | 仡佬（gē lǎo）族 | 独龙族 |
| 朝鲜族 | 拉祜（hù）族 | 锡伯族 | 鄂伦春族 |
| 满族 | 水族 | 阿昌族 | 赫哲族 |
| 侗（dòng）族 | 东乡族 | 普米族 | 门巴族 |
| 瑶族 | 纳西族 | 塔吉克族 | 珞（luò）巴族 |
| 白族 | 景颇族 | 怒族 | 基诺族 |

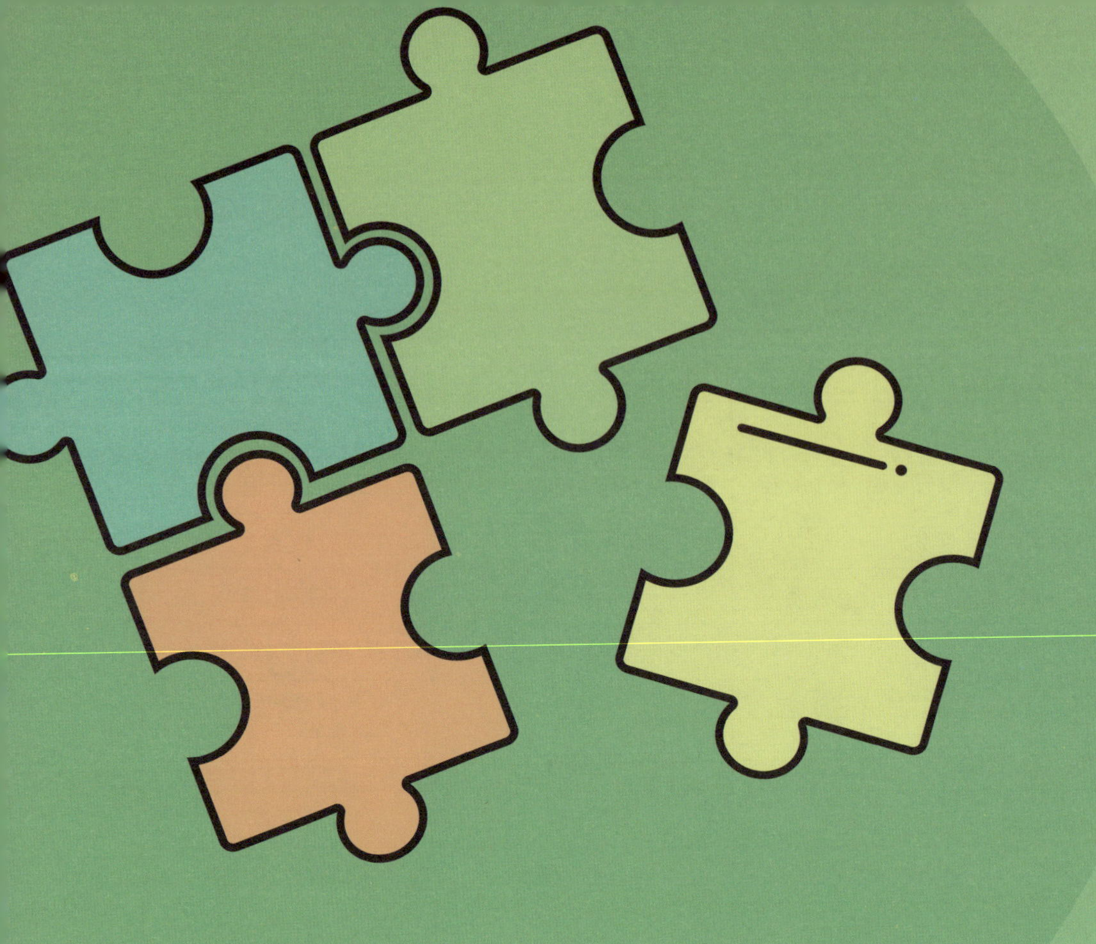

# 挑战篇

一切知识，不过是记忆。

——培根

# 第一节　关于背书，你不知道的事

如果你看到有人能记住厚厚的一本书，并且第几页的第几句的内容都知道是什么，你是什么样的感觉呢？惊讶？不可思议？神奇？羡慕？小菜一碟？现在，我们用前面所学的方法也可以背下一本书，而且不需要花太长的时间。

我们所说的背书，一般指的是背诵国学、古文、诗词、词典、字典、一些法律法规等书籍，而且只需背正文部分，译文或注释部分重在理解，无须一字不落地背。

## 一、背书的好处

为什么要背书呢？有什么好处呢？

首先，背书能够让我们变得更博学，背得多了，我们就能体会到“腹有诗书气自华”“知识就是力量”的神奇魅力。应对考试当然也不在话下。有人说：“考试想要得高分，就是‘背多分’。”

其次，记下一本书也是对我们记忆能力和实力的一个外化体现。知道记忆法的人不一定能记下一本书，但能记下一本书的人多半是掌握了很多记忆方法。

背书也是记忆训练的一个方向，背书的过程也能让我们对记忆法有更深的理解。记忆一两篇课文并不能检测出所用方法的好与坏，但在短时间内记住大量内容或记住一本书，再隔一两年后回过头看（中间可以复习），就知道哪些内容记得牢，哪些内容已经忘记了，从而反映出所用方法的优劣，进而不断优化自己的记忆体系。

除此之外，背书的好处如下。

- ◆ 才艺展示
- ◆ 参加一些电视节目的挑战
- ◆ 让你成为行走的百科全书
- ◆ 锻炼大脑和记忆力

◆ 增强自信心、获得成就感

◆ 交谈、写作中可以随时引用

……

## 二、背书前的准备

### 1. 确定背什么

刚开始背诵时，建议选一些难度较小的书籍，如《弟子规》《三字经》《百家姓》《千字文》等，这类书籍的内容比较押韵，字数又不多，容易挑战成功，增强背诵的信心。也可以选一些长篇古文、诗词等来练手，如《滕王阁序》《长恨歌》《春江花月夜》《琵琶行》《岳阳楼记》《兰亭集序》等。

想要挑战内容多一些的书籍，能有震撼的展示效果，还可以背诵《唐诗三百首》《道德经》《大学》《中庸》《论语》《易经》《孙子兵法》《增广贤文》《新概念英语》《小学英汉词典》《新华字典》《民法典》等。

### 2. 选书

有些书籍有多个版本，我们需要筛选出有利于背诵的版本。如何选呢？

第一，选正文字体大一些的，最好正文带注音，这样会比较占篇幅，展示效果更震撼。

第二，选稍微厚一些的书，展示时也会给人震撼的感觉。

第三，选排版有一定规律的书，比如有些正文都在偶数页，奇数页全是注解，这有利于背诵。

第四，选不易绝版或不会随时更新的书。例如，我很早以前就想背《新华字典》，但想到快出新版了，就一直等待着。直到最新版第 12 版出来后，才挑战背它，至少在未来几年内它不会再更新。

### 3. 选择记忆方法

如果是 10 岁以下的小朋友背诵文章或书籍，无须用记忆法，只需把内容分小段，逐个击破，利用早上时间多读多背，掌握好“先密后疏”的复习规律，一样可以达到较好的记忆效果。对于 10 岁以上的人来说，可用记忆宫殿的衍生方法来背书，即把各种定位法结合起来使用。

## 三、背书的注意事项

背书时，有几点注意事项和大家分享。

第一，背书需要一鼓作气，每天花两三个小时，一般连续几天或者十几天就能全部记住。

第二，给自己设定一个期限，这样才好分配每天背多少内容。还可以和别人打赌或者比赛，如果在规定时间内没有背完就请吃饭。例如，以前我和朋友比赛，在一周内背完一本书，输的人请吃饭。其实，这不是一顿饭的问题，而是面子问题，大家都想争一口气，谁都不愿意服输。我们双方的斗志都被激发出来了，利用休息时间见缝插针地背。结果到第六天时，我们就提前完成了任务。

第三，书中页码也需要记住，意思是要知道哪一页有哪些内容，展示时才能有更好的效果。有人说，为什么一定要展示呢？我只背给自己听不行吗？相信我，只有不断展示，才能让你的印象更深刻。最重要的是展示可以倒逼着你复习，借观众之力来约束自己。如果不展示，很多时候是没有太多动力去复习的。

第四，刚背完一本书后，要多次复习，大约隔几天就复习一两遍，直到背得比较顺口，后面就不用复习得那么密集了。

第五，背诵古文类的书籍，切不可急躁，不要指望一两遍就能记住一章的内容，先理解、多读几遍是必要的步骤。如果想要一两遍就记住也不是不可以，但这肯定会涉及谐音的转化，而用谐音会影响我们对古文的理解和吸收，所以不建议用太多谐音，要少用、慎用。

## 四、背诵书籍的类型

按照书中内容的表现格式，将背诵的书籍分为四种类型。

第一类是《三字经》这种类型，其特点是每句的字数相同，且押韵、朗朗上口，比较容易记忆。

第二类是古诗词这种类型，每首古诗相互独立。可先把每首古诗背熟，再把每首古诗所在的页码记住，就完成了一整本古诗词的记忆。《论语》中每句话相对独立，也属于这种类型。

第三类是长篇文章组合的类型，如《道德经》《新概念英语》等，虽然有分章节，但每一章的内容也相对较多，记忆难度稍大。所以每一章需要人为分小块，分的小块不同，记忆的效果也不同。

第四类是《新华字典》《英汉词典》这种类型，每个字或者每个单词都相互独立，不需要连贯地背诵，这意味着不需要借助顺口记忆，只需单独回忆和提取。其最大的特点就是内容多、整体性较差。

背诵这四类书籍所用的记忆方法有所不同，下面就把这四类分为四节，每节选一两本代表书籍做分享。记忆过程都满足万能公式“简联熟”，以及“拆大合小”原则。

## 第二节 《弟子规》与“三百千”

《三字经》《百家姓》《千字文》是流行较广的启蒙读物，简称“三百千”，它们和《弟子规》都属于同一种类型，每句字数相同、押韵、朗朗上口。

对于《三字经》《千字文》《弟子规》的记忆，需要先理解其意思。而《百家姓》的记忆并不需要理解其意思，所以《百家姓》是可以通过谐音转化辅助记忆的，如“孔曹严华，金魏陶姜”，可以在定位点上联想孔槽上的盐化了，从味精里掏出姜片，后面再还原出正确的字即可。

这里先给大家分享记忆它们的三种主流方法，大家可以选一种自己喜欢的方法来尝试背诵。

### 一、数字定位法

以《弟子规》为例，按 6 个字为一句算，一共有 180 句，1080 个字。可用 1~90 的数字编码作为定位桩，在每个数字编码上联想两句。

## 记忆方法

1. 树——弟子规，圣人训。首孝悌，次谨信。

译文：《弟子规》这本书是依据至圣先师孔子的教诲而编成的生活规范。在日常生活中首先要孝顺父母，友爱兄弟姐妹，其次做事要小心谨慎，要讲信用。

联想：树下面有一本《弟子规》，翻开一看，首先讲到孝顺，其次是谨慎、讲信用。

2. 鸭子——泛爱众，而亲仁。有余力，则学文。

译文：和大众相处时要平等博爱，并且亲近有仁德的人，向他学习。如果做了之后，还有多余的时间精力，就应该多看书学习。

联想：有一只鸭子爱其他的众鸭子，而且还亲近有仁德的人。有多余的力气，它还学文。

3. 耳朵——父母呼，应勿缓。父母命，行勿懒。

译文: 父母呼唤,应及时回答,不要慢吞吞地很久才应答。父母有事交代,要立刻动身去做,不可拖延或偷懒。

联想：父母朝着你的耳朵呼唤，勿行动缓慢，父母对着你的耳朵命令你，你的行动勿懒。

联想时只需联想关键部分,借助顺口记忆和理解记忆。到记忆的后期,哪怕有一点画面感,也是能回忆出来的。

按照这种方式，其余部分大家可以自行联想记忆。做记忆展示时，可以通过 PPT 的形式呈现，让观众随意抽一句，我们想到对应的数字编码，就能回忆出原内容。

假如你买了“三百千”的书籍，有些页面没有正文内容，有些页面有四句或者八句内容，一个编码联想不了那么多内容怎么办呢？这也容易解决！我们用数字定位法的延伸方法。

假如 60 页的内容有八句，60 的编码是榴莲，可以想象你熟悉的卖榴莲的水果店，在水果店找四个定位桩，每个定位桩上联想两句。再如 128 页的内容有十二句，128 可编码为 128G 的 U 盘，想到你常用 U 盘的地方，在这个地方找六个定位桩进行联想。

这就是通过页码的编码来确定一个场景，该场景里承载了很多内容。这种方式有利于任意抽背，但它有一个小缺点，场景与场景之间没有任何联系（如水果店和用 U 盘的地方），而书籍中的内容上下句一般是有些联系的，相当于人为地把连贯的内容分割开了。好在我们后面会复习，把内容背得越来越顺口后，两个场景里的内容可以通过顺口记忆而衔接上，从而减少人为分割带来的影响。

## 二、记忆宫殿法

记忆宫殿是背书的万能方法，如果背书或背长篇文章时实在想不到用什么方法，就用记忆宫殿法。

打造记忆宫殿时，先确定熟悉的区域，并在大脑中做好规划：该区域能分多少个小区域，每个小区域能找多少个定位桩，每个定位桩上是否还可以像物体定位法那样再分一些定位的小点。然后估计该区域是否能记下一本书的内容，如果不能，则另加一个区域。

有了初步的计划后，我们直接开始记忆，一边记忆一边确定后面的记忆宫殿，有时可根据书中内容灵活调整记忆宫殿。比如记忆“养不教，父之过。教不严，师之惰”，选课桌作为定位桩肯定比选一条马路好，为什么？因为课桌和内容之间有那么一点联系。

在“记忆宫殿法”小节，我们分享过如何寻找记忆宫殿，只是更侧重于打造竞技记忆的宫殿。而用作背书的记忆宫殿，规则不用那么多，要求也没有那么高，选取的定位桩可以密集一些，这样一个区域里可承载更多内容。以前我背诵全文 700 多字的《滕王阁序》，在网上找了三张和滕王阁有关的图，记了几遍就把所有内容记住了。虽然每张图里的定位桩比较多，但也没有出现所记内容混淆的情况（因为有复习和理解作支撑）。

接下来我们用《三字经》中的几句来做记忆示范，所选记忆宫殿如下图所示。

**记忆方法**

**①墙——玉不琢，不成器。人不学，不知义。（假设在书中第 12 页）**

译文：玉不打磨和雕刻，就不会成为精美的器物；而人要是不懂得学习，就不懂得做人的正确道理。

联想：墙里面藏了一块玉，墙上坐着一个还没有上学的婴儿（12）。

说明：这句很多人都听过，所以无须过多转化，只需想到墙这里有玉和婴儿。记忆页码有一个技巧，就是尽可能“无缝衔接”到联想中，比如这里的婴儿既代表“人不学，不知义”，又代表第 12 页（12 的数字编码是婴儿），一举两得，减少了记忆量。

**②车——为人子，方少时。亲师友，习礼仪。（假设在书中第 13 页）**

译文：做儿女的，从小时候就要亲近老师和朋友，以便从他们那里学习到许多为人处事的礼节和知识。

联想：身为人子，在少年时，多亲近坐在车里的师友和医生（13），向他们学习礼仪。

其余内容都是用类似的联想方法，大家可以自行尝试。注意把握好以下几个难点。

第一，打造好自己的记忆宫殿，层次分明，不易混淆。

第二，联想不要太夸张，要向所记内容的本意靠近。

第三，联想所记内容的关键部分，多借助顺口记忆和理解记忆。找到记忆法和理解之间的平衡点，这样才能既记得快、记得牢，又能理解内容的意思，还没有增加太多的记忆量。

## 三、场景定位法

场景定位法是背书的常用方法，我背过的书籍中，有几本都是用的场景定位法。为什么我如此青睐它呢？第一，大脑中的场景在理论上是无限的，取之不尽，用之不竭；第二，记什么内容用什么场景，有助于在记忆时理解内容，而且方便快捷。而记忆宫殿法的区域和定位桩相对固定，较难实现这个目的。

如何选场景呢？根据所记内容来选。我们用《千字文》中的前几句来做记忆示范。

### 记忆方法

天地玄黄，宇宙洪荒。日月盈昃（zè），辰宿（xiù）列张。（假设在书中第 180 页）

译文：天是青黑色的，大地是黄色的，宇宙无边无际，形成于混沌蒙昧的状态中。太阳正了又斜，月亮圆了又缺，星辰布满在无边的太空中。

根据内容，所选的场景如下图所示。

不需要专门去找一幅图，只需凭你大脑中的感觉，想象一幅宇宙的场景图。这里选两个定位桩，第一个是浩瀚的宇宙，可记住天地玄黄，宇宙洪荒；第二个是星球，想象这颗星球有人（180 可编码为一个身高 180cm 的人），星球和日月很像，星辰排列在宇宙中。

寒来暑往，秋收冬藏。闰余成岁，律吕调阳。（假设在书中第 181 页）

译文：寒暑循环变换，来了又去，去了又来，秋天收割庄稼，冬天储藏粮食。积累数年的闰余并成一个月在闰年里，古人用六律六吕来调节阴阳。

可选一个丰收的场景，选小麦和收割机为定位桩。由小麦记住寒来暑往，秋收冬藏。再想象一个闰年过生日（记住闰余成岁）的军人（八一建军节，181 可编码为一位军人）在收割机上，调节律吕这个器具。

当别人抽到 180 页时，我们很快就能提取出宇宙的那幅图并回忆出内容。当抽到内容在多少页时，由所记内容的场景图可回忆出数字编码，从而快速说出页码。

大家不用担心复杂，熟练后，其实这些感觉在你大脑中就是一瞬间的事。我在做记忆展示时，很多时候观众随便说一本书中的两三个字，在一两秒钟内，我大脑中就能锁定是哪本书的哪一页的哪些内容，以及知道是哪个场景图。所以，随着记忆法的练习和运用，大家也会体验到大脑高速运转的那种畅快感。

对于《千字文》的其余内容，大家可按照相同的方法记忆。如果想要效率高一些，建议一幅场景图里多选一些定位桩，多记一些内容。

# 第三节 《唐诗三百首》

俗话说："熟读唐诗三百首，不会作诗也会吟。"如果能熟背诗词三百首呢？那岂不是更厉害？！

《唐诗三百首》中的每首古诗相互独立，不需要人为分小段，每首诗都有各自的画面和意境，所以记下一本诗词书的难度并不大。

## 如何记忆

每首古诗的记忆方法可参照"04 巧记语文知识"中的"第三节 诗词的记忆"的讲解。方法虽多，但选择方法有优先次序。如果所背书籍的古诗有插图，首选插图作为定位图，再把页码的编码联想到插图中。比如页码是 84 页，就联想插图的某个定位桩上有一辆巴士，如果是 184 页呢？就联想有一辆大的巴士（在两位数字编码的基础上延伸），284 页就联想为两辆玩具巴士，只要能把编码图像区分开就行。我们后面会多次复习古诗、插图以及联想的画面，一般不会存在页码混淆的问题。

如果古诗没有配图怎么办呢？可以交替使用其他方法，如场景定位法、配图定位法、绘图记忆法、意境想象法等，避免使用同一种方法而产生疲惫感。根据莱斯托夫效应，交替使用可以让每首古诗的画面区分度更大，记忆效果也会更好。

另外再强调一点：古诗记忆的联想中，尽量不要曲解其本意，或者不要增加太多无关的画面在意境画面中，不然容易破坏古诗的美感，影响赏析和理解。只有经过一定理解的古诗才属于你自己，比如当你看到落日时很容易联想到："夕阳无限好，只是近黄昏""落霞与孤鹜齐飞，秋水共长天一色""白日依山尽""一道残阳铺水中""夕阳西下，断肠人在天涯"……而用曲解本意的联想，虽然能快速记住古诗，但仅仅是记住而已，很难为你所用。

除了《唐诗三百首》，如果你还想背诵一本宋词或其他古诗词书籍，都可按照同样的方法记忆，赶快试试吧！祝每位读者早日成为诗词达人！

## 第四节 《道德经》

《道德经》作为中国历史上最伟大的名著之一，非常值得我们背诵。它是春秋时期老子（李耳）的哲学作品，被人们称为“万经之王”。全书共 81 章，5000 多字。很多记忆大师喜欢把它全部背下来做记忆展示，哪一章和哪一页都可以任意抽背，展示效果非常震撼。

如果我们用记忆法，每天花几个小时，一周内基本上都能记下来。曾经我和朋友比谁先背完全书，我们仅花了四天就记住了。当然，记住只是完成了第一步，想要灵活地引用，还需深度理解。

如何记忆呢？我推荐三种主流方法。记忆时，可在这三种方法的基础上演变。

### 一、理解 + 记忆法

用此方法记忆时，速度会稍微慢一些，因为侧重点在于理解，而非联想。除了理解外，还有一些重要的记忆技巧：①分小段；②找到小段之间的联系；③把页码和章数联想进文章的第一、二句话中。

例如，记忆《道德经》第十二章的内容（假设在书中第 21 页）。

五色令人目盲；五音令人耳聋；五味令人口爽；/ 驰骋畋（tián）猎，令人心发狂；难得之货，令人行妨；/ 是以圣人为腹不为目，故去彼取此。

译文：缤纷的色彩使人眼花缭乱，嘈杂的音调使人听觉失灵，丰盛的食物使人舌不知味，纵情狩猎使人内心狂乱，稀有的物品使人行为不轨。因此圣人但求温饱而不追求享乐，摒弃物欲的诱惑而保持安定的生活。

理解分析后可发现，本章可分为三个小段，已用“/”划分。第一小段有三个“五”，形成排比结构，分别对应“眼、耳、舌”，很容易理解和记忆。再联想是婴儿（12）身上的“眼、耳、舌”，可记住第十二章。

婴儿长大后还打猎（记住驰骋畋猎），像发狂似（记住令人心发狂）地射杀鳄鱼（21），记住是 21 页。一般来说页码的数字比章数的数字大，所以不会混淆。然后想象他把鳄鱼皮剥下来，因为鳄鱼皮很难得到（记住难得之货，令人行妨）。

第三小段得出一个结论：圣人为温饱，而不追求享乐（记住是以圣人为腹不为目，故去彼取此）。

有了理解作为记忆的背景，再通过多读、多复习，形成顺口记忆。这样也就完成了“理解 + 记忆法（部分联想）+ 顺口记忆”的融合。

## 二、记忆宫殿法

我拿自己的记忆过程给大家做分享，所选的记忆宫殿是我们的整个村子，背到第十二章，记忆宫殿就是我们村子的第 12 户人家，在这户人家的房子周围选了三个定位桩。

第一个定位桩就是这家主人，由主人的“眼、耳、舌”记住第一小段。

第二个定位桩是一个动态的画面，想象他经常出去打猎，有时也捕鳄鱼（21 页），他在田间打猎时，高兴得发狂（记住驰骋畋猎，令人心发狂）。同样地，他也剥鳄鱼皮，因为鳄鱼皮比较稀有，属于“难得之货”（记住难得之货，令人行妨）。

第三个定位桩想象“老子”坐在他家的院子里修行，只为腹中有食物，不以享乐为目的（由此记住是以圣人为腹不为目，故去彼取此）。

不知大家有没有发现，这样的联想方式，几乎没有扭曲其本意，记忆和理解几乎是同时进行的。所以我花几天时间记完整本《道德经》后，也理解了全书的大概意思。后面再听了很多专家学者深入讲解《道德经》，再次加深了记忆和理解。

## 三、场景定位法

《道德经》共计 81 章，可选 81 个场景作为定位，将页码和章数联想到对应场景中。如何选场景呢?

第一，根据页码或章数的编码选场景，假设第三十章在 56 页，我们就选自己熟悉的有三轮车（30）或者有蜗牛（56）的场景，在该场景里选一些定位桩。至于选多少个定位桩，取决于所记内容的多少。

用此方法选的场景有利于记忆页码，但该场景和所记内容没有直接联系，基本上都要靠联想才能让它们产生联系。

第二，根据《道德经》里的内容来选场景。比如理解第十二章的大意后，可选打猎的一个场景，或选电视剧中打猎的画面也没问题。

再如记忆第二十五章："有物混成，先天地生。寂兮寥兮，独立而不改，周行而不殆，可以为天地母。吾不知其名，强字之曰：道，强为之名曰：大。大曰逝，逝曰远，远曰反。故道大，天大，地大，人亦大。域中有四大，而人居其一焉。人法地，地法天，天法道，道法自然。"

我们就可以选"宇宙、天、地、人"这个大环境作为定位，从天上到地下的顺序选取定位桩，然后联想所记内容。

以上三种方法是记忆大师们背诵《道德经》常用的方法，其中，记忆宫殿法用得稍多。《道德经》的其余章节内容都可以用这三种方法记忆，当我们记下整本《道德经》后会发现，再记忆《大学》《中庸》这类书籍更加容易了。

## 第五节 《新华字典》

第12版《新华字典》共收录10000多个汉字，正文部分共600多页。对于整本《新华字典》的记忆，不需要像课文那样背诵，因为里面的每个字都是独立的，只需要记住哪个字在哪一页，甚至记住每个字的具体位置。至于每个字的注解，重在理解，无须用记忆法。

想要记住每个字的具体位置，首先要记住每个字的读音和写法，能做到这一步，则意味着字典里的10000多个汉字我们都认识了，那就已经很了不起了。接下来通过记忆宫殿以及一些衍生方法进行定位联想。因为涉及的记忆技巧太多，工程量比较大，受众比较小，所以这里不做展开分享。

这里要分享的是既不需要花很长的记忆时间，又能达到惊人的展示效果的方法。曾经我们有一位成人学员，用这种方式，三四天就记下了《新华字典》，并能达到不错的展示效果。

严格来说，他不算记住了《新华字典》，而是做到了随便抽一个字，他就可以告诉你在哪一页（允许有正负一页的误差）。假如你是小学语文老师，教同学们查字典时，你就可以展示不用翻字典，直接说出每个字的所在页码，那你就是“活字典”啦！学生们对你肯定会崇拜至极。

## 如何记忆

具体记忆方法非常简单，第一，要准备好三位数编码，如果不想准备也没有关系，先把两位数编码记牢，在两位数编码的基础上扩充，扩充方法可参照“03 超级记忆方法大全”中的“第四节 数字密码法”。

第二，我们要明白《新华字典》里汉字的排序规则，整体来说，按照拼音首字母 a~z 的排序，翻开字典看一看便一目了然。

下面进行最关键的一步：把页码的编码和所在页的第一个字进行配对联想。我们拿第 12 版《新华字典》里的字来举例。

138 页有 10 多个字，都是“fú”的读音，第一个字是“服”。联想为：妈妈（38 编码为妇女，138 可编码为妈妈）的衣服很好看。当别人问到“福、幅”在哪里，我们就知道在 138 页或在 138 页的前后一页。如果问到“符”（在 137 页）字怎么办呢？没关系，你说 138 页也算对，允许有一页的误差，可以提前向观众说明。

132 页有 12 个字，包括了“fèn—fēng”读音的字。那就需要把两个读音的第一个字都进行联想。132 页左上角第一个字是“奋”，“fēng”的读音的第一个字是“丰”，联想为：大热天吹着风扇（32 编码为扇儿，132 可编码为风扇）也要奋斗，奋斗了才会有“丰收”。

133 页的第一个字是“疯”，联想为：疯子偷了戒指（33 编码为钻石，133 可编码为戒指）。

当别人抽到“风”字，如何辨别它在132页还是133页呢？很简单，同一个读音且有相同的部首的字，简单字排在前面，所以“风”在“疯”的前面，由此推算出“风”在132页。大家可以多翻翻字典，多观察和总结，就能明白相同读音的字的排序规则了。

每页都可按照类似的方式记忆，几天后就可以做展示了，而且还“赚”了500多个三位数字编码。当需要记忆其他几百页的书籍时，这些三位数编码也可以继续使用。生活中，记电话号码、快递取件码、验证码等也都能用上三位数编码，而且越用越牢固。

虽然这样记忆《新华字典》不能做到非常精确，但极大地缩短了记忆时间，减小了记忆难度，让更多人有信心去挑战，而且也能达到快速查字典和展示的目的。如此酷炫的技能，大家要不要挑战一下呢？

# 09 酷炫的超级记忆展示

你的大脑有着复杂和完美的构造，还有巨大的智能和情感能量。

——东尼·博赞

电视上时常会播放一些关于超强记忆力的节目，选手的惊人表现让人觉得不可思议。现在不用再羡慕他们了，因为我们知道了记忆的方法和原理，勤加训练，很多项目我们自己也可以挑战成功。

很多人会想：我不想挑战高难度的项目，能不能在生活中随时随地给朋友展示我的超强记忆力呢？当然可以！

从本书中学到的方法和记住的内容其实都可以给朋友分享和展示。但为了呈现出更好的效果，瞬间镇住你的朋友，我们所展示的信息一定要让人感觉很难记下来，并且看起来很多，但对你来说又是小菜一碟。

下面就给大家分享几种常见的记忆展示项目。

## 第一节 随机词语

随机词语是世界记忆锦标赛的十大项目之一，选手需在 5 分钟或者 15 分钟内尽可能记住更多的词语，如信号、素食、鸸鹋、速度等。平时展示时，词语容易“就地取材”，现场采集，现场记忆，展示效果震撼。

### 一、如何展示

可以让你的几位朋友现场出题，每位朋友都随机说一些词语，并写在纸上，凑齐 20 个或 30 个。写好之后，让他们猜猜你能多长时间记住。

为了增加趣味性，你们可以打赌，比如你一分钟内记住了，并能做到顺背、倒背、抽背，那么就让你的朋友请吃饭，反之，就你请吃饭。

假如你的朋友在纸上写了下面的 20 个词语。

少年、过年、银行、空调、难过、买菜、快乐、石头、朋友、口红、酸辣粉、土壤、城市、管理、奋斗、生活、礼品、太阳、桌子、面试。

你可以选择两种方法来记忆。

第一，故事法。想象一位少年回家过年，到银行取钱买台空调回去，花了很多钱很难过……剩余词语大家可以自行尝试记忆。

第二，记忆宫殿法。提前准备好自己熟悉的10个地点，每个地点上联想两个词语。比如第一个地点是门，联想为少年敲门，回家过年；第二个地点是鞋柜，联想为从鞋柜里拿出一张银行卡去买空调。记忆后面的词语也是相同的思路，大家尝试记一记，看看自己的用时吧！

展示时，先顺背一遍，再倒背。此时，效果已经极为震撼了，等朋友们热烈鼓掌后，再说自己还可以尝试更高难度的挑战——任意抽背（用记忆宫殿法更容易做到倒背和抽背）。比如抽到第9个词语是什么？你就回忆出第5个地点上记忆的第一个词语。抽到第16个词语，就找到第8个地点上的第二个词语。

记忆高手一般在20秒内就能记住20个词语，大家在展示时，如果能在1分半钟记住20个词语，展示就足够震撼了。

## 二、平时该如何训练

专业的比赛选手一般会用很多随机词语试卷来训练。如果你不想做太多训练，只想平时在朋友面前秀一秀，那就在生活中做刻意训练。比如拿地铁站名、公交站名、购物清单来训练，或让别人出题。词语的记忆只需练好故事法和记忆宫殿法就能“力压群雄”。

## 第二节 随机数字

很多世界记忆大师在表演时，都会现场展示记忆上百个随机数字，在不到一分钟的时间内就能牢牢记住，并做到顺背、倒背、任意抽背。现场观众看得目瞪口呆，很多人也因此开始接触并训练记忆法，甚至爱上记忆法。

我经常到全国各地分享高效记忆法，也会展示数字的记忆。展示要确保百分之百正确，记忆速度会放缓一些，而且会多看一遍。以前比赛前训练，可以达到自己的巅峰状态，10 秒内就能记完 40 个数字；30 秒内记完 120 个数字。比赛时，要求 5 分钟时间尽可能记忆更多的数字，顶尖记忆高手能正确记住五六百个数字。

### 一、如何展示

数字的记忆可以演变成很多酷炫的记忆项目，这里给大家分享以下几种项目。

第一种：圆周率。提前用记忆宫殿法背熟圆周率。展示时，挑战 15 秒内背诵完圆周率小数点后前 100 位，或者 40 秒背完 200 位，甚至挑战 500 位、1000 位。（注意，这里是背诵出来的时间，不是记忆时间。）

第二种：电话号码。让朋友在通信录里随机说几个电话号码，挑战一两分钟内快速记住这些人的电话号码。

第三种：身份证号、银行卡号、生日、快递取件码等。当然，这些属于隐私，可以让朋友报虚拟的银行卡号等来记忆。

第四种：随机数字。让朋友现场写出 40 位随机数字，然后挑战快速记住。

记忆长的数字串推荐使用记忆宫殿法。在展示前，需要提前准备好自己的记忆宫殿，按照一个地点记忆 4 个数字的标准来准备。

我们来模拟一次，假如你的朋友写了下面的 40 位数字。（建议先画好 8 × 5 的格子，再让朋友出题，这样有利于任意点背第几排第几个，会呈现更好的效果。）

| 3 | 0 | 6 | 7 | 9 | 1 | 6 | 4 |
|---|---|---|---|---|---|---|---|
| 7 | 7 | 1 | 6 | 0 | 7 | 2 | 6 |
| 3 | 4 | 4 | 8 | 1 | 3 | 6 | 1 |
| 0 | 9 | 5 | 7 | 1 | 2 | 8 | 5 |
| 6 | 2 | 2 | 5 | 2 | 2 | 1 | 8 |

提前准备好 10 个地点。（准备的记忆宫殿最好是自己熟悉的地方，这样记起来会更有感觉，比如自己的家、学校、公司等。）

每个地点上联想记忆两个图像（4 个数字）。数字编码表详见“03 超级记忆方法大全”中的“第四节 数字密码法”。下面我们开始记忆！

## 【记忆秘诀】记忆宫殿法

地点 1：柜子，记忆 30（三轮车）和 67（油漆）

联想：柜子里的三轮车撞翻了油漆桶，弄得柜子里到处都是油漆。

地点 2：画，记忆 91（球衣）和 64（柳丝）

联想：球衣挂在画里的柳丝上晾晒。

地点 3：电视，记忆 77（机器人）和 16（石榴）

联想：电视里播放着机器人用手捏碎了石榴，可能是肚子饿了，想吃石榴。

地点 4：钢琴，记忆 07（锄头）和 26（河流）

联想：锄头锄在钢琴上，破坏了几个键，水从琴键里面流出来，就像河流一样。

地点 5：门，记忆 34（绅士）和 48（石板）

联想：绅士开门时够不着，站在石板上才能打开门。

地点 6：桌子，记忆 13（医生）和 61（儿童）

联想：医生站在桌子上给儿童看病，可能是检查儿童是否恐高，所以站得高一点。

地点 7：茶几，记忆 09（猫）和 57（武器—坦克）

联想：猫居然都有自己的玩具坦克，在茶几上开过来开过去。

地点 8：沙发，记忆 12（婴儿）和 85（宝物）

联想：婴儿在沙发上发现了宝物，可能是爸爸的私房钱换的。

地点 9：窗户，记忆 62（牛儿）和 25（二胡）

联想：这牛儿成仙了，居然可以拉二胡。美妙的旋律从窗户传出去了。

地点10：台灯，记忆22（双胞胎）和18（要发一钱）

联想：双胞胎在台灯下数压岁钱。

注意：为了防止两个图像之间顺序颠倒，联想时一般是前面的图像作用于后面的图像，比如记忆“2218”，脑海中的画面是双胞胎数钱。而记忆“1822”，画面应该是钱从天上掉下来砸到了双胞胎。

记完一遍后，可以再复习一遍，也可以直接闭上眼睛在脑海中回忆一遍，记忆不深刻的画面着重强化。

展示时，先顺背一遍，再挑战倒背和点背。倒背时每个地点上的数字也要倒过来，比如台灯那里倒背就是8122，窗户上是5226。

点背时，大脑中需要简单计算，比如问你第34个数字是什么？你心里就要快速计算4×8=32，第34个数字就应该是在第9个地点上的第2个数字，联想的图像是牛儿拉二胡（6225），从而提取出数字“2”。

假如问你第3排第7个数字是什么？你要知道一排8个数字用了2个地点，第3排就是在第5、6个地点上，第3排的第7个数字就是第6个地点上的第3个数字，即“1361”中的“6”。

## 二、平时该如何训练

记忆选手训练数字时，用的是电子版的随机数字生成表打印成纸质资料来训练。大家也可以在网上搜索一些随机数字作为训练素材。训练可分为以下三大步骤。

第一步：反应图像编码训练。看到两位数字，大脑中直接反应图像。例如，一行数字是19473932952594691284，大脑中就反应出药酒、司机、三角尺、扇儿、酒壶、二胡、首饰、漏斗、婴儿、巴士的图像（注意：大脑中要出现具体的图像，而不是模糊不清的图像，数字编码的具体图像详见附录）。如此反复训练，直到很熟悉数字编码为止。

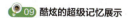

第二步：联结训练。即把两个图像联想到一起，以前面提到的一行数字为例：想象药酒泼向了司机；三角尺测量扇儿；酒壶倒酒洒在二胡上；首饰掉到了漏斗里；婴儿开巴士。

第三步：记忆训练。每天记忆 40 个数字，坚持一个月，基本上就能做到在人前轻松展示。

**让我来试试**

现在你可以在身边人面前秀一下了，准备好自己熟悉的 10 个地点，让身边的人任意填写 40 个数字在表格里，记完后向他做展示。

| | | | | | | | |
|---|---|---|---|---|---|---|---|
| | | | | | | | |
| | | | | | | | |
| | | | | | | | |
| | | | | | | | |

## 第三节　人名头像

人名头像项目是世界记忆锦标赛中的一个项目，选手要在 5 分钟或 15 分钟内记住尽可能多的名字和人的长相。练好了这个项目，大家在生活中又多了一个快速记住陌生人的技能。

我经常出差会遇到这样的情况，到了某个地方和客户吃饭，一桌人都是陌生面孔。客户这时会介绍一圈：这是王主任、刘老师、张校长等。此时我的大脑中会自动启动记忆法，对方介绍完就意味着我记完了。后面和他们聊天时，也不至于叫不出别人的名字而尴尬。

对于学生们来说，刚上初中、高中、大学，进入新的班集体里，遇到的几乎都是不熟悉的面孔。那么你就可以用记忆法，挑战一天记住班上所有人的名字（记忆高手在 15 分钟内能记住 50 个人的名字），说不定班主任见你记忆力这么好，还会选你当班长或者以后对你更加重视呢！

记陌生人的名字不需要刻意展示，平时碰到新朋友时，你能快速记住别人，本身就是一种很好的展示。美国著名人际关系学大师卡耐基说："在处理人际关系时，要让见过你的人对你留下好印象，就是牢记他的名字，包括和你只有一面之交的人的名字。"

## 如何记忆

方法很简单，只需要用配对联想法就能搞定，即把人的名字和他的长相特点进行配对联想，如下所示。

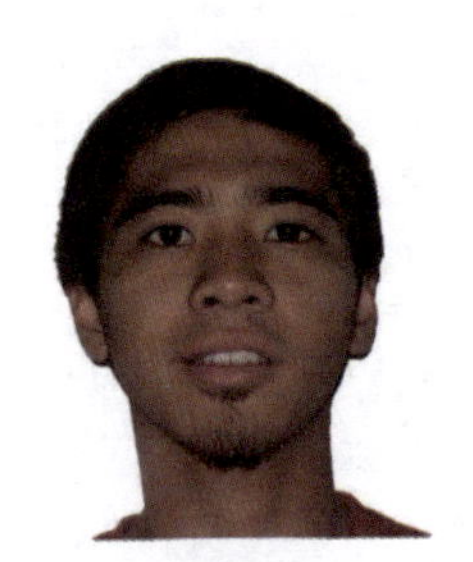

王和强

苏中敏

刘海

**【记忆秘诀】配对联想法**

第一位，王和强。根据以熟记新原则，很容易想到王宝强，找胡须作为其特点。想象王宝强为了拍戏留了胡须。

第二位，苏中敏。把名字谐音为"书中敏"。仔细观察其特点，发现嘴巴旁边有痣。想象她为什么有痣，可能是看了书中的内容过敏，简称"书中敏→苏中敏"。

第三位，刘海。想到头发那个刘海，其特点为额头上的黑点，想象她总是用刘海遮住黑点。

比赛时，记忆高手基本上就是这样记忆的。有了特点作为回忆线索，很容易提取出他的名字。如果长相没有什么特点怎么办呢？那就要考验我们的细微观察能力了，把他非常细微的特征进行联想。

但在实际生活中，需要灵活运用，不一定非要找陌生人的特点，一般情况下我们对见过的人多多少少会有印象，他没有什么特点你也能记住他的长相，难点在于记不住他的名字。所以可以把他的名字联想到你们见面的场景中，因为你们见面的场景一般情况下是独一无二的。例如，你们在咖啡店见面，新朋友叫周荷丽，想象她每周都要喝（荷）咖啡，所以很美丽。

## 让我来试试

按照上述方法，挑战 5 分钟内记住以下 10 个人的名字，记完后说出或写出他们的名字。（注：本节中的人脸图片来自世界记忆锦标赛人名头像试题）

下面开始答题。

## 第四节　扑克牌

扑克牌记忆是世界记忆锦标赛中最具观赏性的项目。顶尖记忆高手在二十秒内就能记住一副洗乱的扑克，一般人数扑克张数的速度可能还没有别人记忆的速度快。

我在各地讲课时，有时也会表演扑克牌的记忆。以前比赛前的巅峰状态，记忆时间也练到了 20 秒左右，后面没有参加比赛，速度就慢了一些，有时记忆时间为 20 多秒甚至 30 秒，但有了这种能力，稍加训练就容易恢复原有速度。展示时，速度一般会更慢一些，这不仅考验心理素质，也考验记忆的准确率，展示需要保证百分之百正确，一般都会看两遍。

在我做完展示后，很多人都有一个疑问：有这样的能力，打牌是不是很厉害？大家现在知道了方法，认为打牌用得上记忆法吗？当然记忆宫殿法一般是用不上的，联想法还能用上一些。比如“斗地主”，别人出了什么牌，剩余牌的分布情况，你可以简单联想再结合推理。

## 如何记忆

扑克记忆和数字记忆基本上一样，都要用记忆宫殿。首先需要把扑克转换成数字，四种花色黑桃、红桃、梅花、方块，分别定义为 1、2、3、4。再和扑克的点数连起来就转化成数字了，如果点数为 10，就把数字看成 0，“A”看成 1，比如方块 10 → 40 →司令；黑桃 5 → 15 →鹦鹉；梅花 9 → 39 →三角尺；红桃 10 → 20 →香烟；红桃 A → 21 →鳄鱼。

如果是 J、Q、K 的牌，我们把 J、Q、K 分别定义为 5、6、7。再和花色定义的数字连起来，比如红桃 K → 72 →企鹅；梅花 Q → 63 →刘三姐；方块 J → 54 →武士；黑桃 Q → 61 →儿童。

大小王一般不需要记，无须定义，如果要记，可自行定义编码。

所以记扑克就是记数字，需要不断练习，做到熟练地转换。例如，我看到黑桃 3 就是医生的图像，大脑中已经没有转换成数字 13 这个过程了。

练习时，准备好 26 个地点（一组），一个地点上联想两张扑克牌。可以准备几组地点，每组地点一天最多使用两次，不然地点上面的图像太多，容易混淆。不断训练，不断压缩记忆时间，能够在两三分钟内记住一副扑克，就可以达到比较震撼的展示效果了。

# 答疑篇

# 10 关于记忆法的二十五问

有没有那么一瞬间，你突然发现……生活即是记忆，除了这飞逝即去的你难以把握的当下。所有皆是记忆。

——田纳西·威廉斯

读书时代我们都有这样的体会，老师在课堂中讲过的内容，下课后同学们依然会有疑问。其中有各种原因：没记住、没能理解、不知道重点、思考出新问题，等等。鉴于此，我们整理了关于记忆法常见的一些疑问，有些问题的答案在前面的分享中也能找到，但单独提出来解答会更一目了然，也能让大家对记忆法有更清晰的认识。

**疑问 1：既然记忆法这么好，为什么学校里还没有普及？**

答：其实很多老师在教学中也会用到一些记忆法，比如教学生们用口诀法背知识点，讲一些故事，运用一些类比技巧，找知识点的规律，用思维导图、情景演绎等方法。相比前几年，现在有越来越多的老师已经开始把记忆法和思维导图运用到教学中了。

未来，随着记忆法的推广与普及，也会被更多人熟知，记忆法会更加成体系和专业化。

**疑问 2：为什么有些老师会排斥记忆法？**

答：老师排斥的不是记忆法，而是某种不恰当的运用方式，如谐音记古诗、单词，然后容易做出以偏概全的判断——记忆法不好。

我也会排斥某些运用不当的技巧，但这并不代表记忆法有什么问题，而是用的人没有把它用好。

**疑问 3：记忆法是“旁门左道”，不利于理解和应用？**

答：初学者很容易把竞技记忆的思路用到实用记忆上，因此会出现影响理解的情况。比如学科记忆上有很多内容都不适合用记忆宫殿法，而是要用它的衍生方法。竞技记忆基本上都是用记忆宫殿法。

得出记忆法是“旁门左道”的结论，也是因为看到了一些不恰当的运用方式。本书中反复提到，记忆法运用的同时是可以结合理解的，且有大量的实战案例，记忆和理解相辅相成，方法用好了并不会造成冲突。

### 疑问 4：记忆法用起来太麻烦？

答：抓住万能公式“简联熟”。①是否能简化信息；②是否能把几个信息联想到一起，同时可以结合一些画面；③是否能和已知的事物发生联系。

有了底层原理作为支撑，你会发现，无论用哪种记忆法都会变得容易，勤加运用，熟能生巧。就像学开车一样，刚开始会觉得很麻烦，但学会后比走路快几十倍。

### 疑问 5：看到一些广告宣传记忆法那么神奇，是真的吗？

答：有些宣传可能会略微夸大，但如果练到极致，有些是可以做到的，比如三四天背一本书、一两天记住一学年的单词等。夸张的宣传会给家长过高的期望，而孩子去学了几天，仅能学到一些基础，导致家长的心理落差太大，从而对记忆法产生怀疑和不信任。

如果愿意坚持训练，有专业的老师长期指导，是可以达到比较好的效果的。

### 疑问 6：除了记忆法，还有哪些方式能提高记忆力？

答：好的睡眠，健康的饮食，良好的生活习惯，注重体育锻炼，做事保持专注，科学用脑，常做健脑操，等等。做好了这些，哪怕记忆力变好了，也不易被我们察觉，所以很多人没有重视。想要记忆效果立竿见影，就练好记忆法。

### 疑问 7：学好了记忆法，能提升成绩吗？

答：学得好，并运用得好，会提升记忆效率，一般来说成绩也会随之提升。但成绩的提升受多方面因素的影响，包括老师、学习环境、方法、习惯、动力、努力程度、专注程度等。

如果能够养成课前预习、课中认真听讲、课后及时复习的学习习惯，加上自己的努力，坚持运用记忆方法，超越绝大多数同学还是没问题的。有句话叫作：“以绝大多数人的努力程度，还不到拼天赋的地步。”

**疑问8：看完本书后，我能成为记忆高手吗？**

答：如果本书中的内容都能理解、消化吸收，且不断训练与运用，肯定可以成为一个实用记忆高手。因为每种方法都列举了大量案例，涉及了不同类型信息的记忆，且给出了万能公式及记忆的核心原理。

建议把本书看完后，多做记忆练习，然后多看几遍本书，一定会有新的收获。

**疑问9：越早学记忆法越好吗？**

答：7岁以上就可以开始学。这个阶段的学生能够认识一些汉字了，有了一定的理解能力，基本上可以听懂老师讲的方法。

小朋友的可塑性比成人强，想象力也会更丰富。早些训练，早点运用到学习上，就会越用经验越丰富。学习和生活中的各种材料都可以成为训练记忆的素材，比如数字、词语、扑克、古诗、单词、文章、图像卡片、各种考试题，等等。

**疑问10：学过记忆法，却根本没用呢？**

答：无论学习哪一门技术，没有坚持不懈的练习，再精良的理论与方法也无用，记忆法亦然。

除此之外，还有几个主要原因：①老师本身水平不够，教得不够好；②学的时间短；③学的和用的不一致，学的是文章记忆，却想要用来记数字，好比学牙科的医生，却想要治皮肤病；④没有老师的长期指导、监督、反馈；⑤期望值太高，学几天就想立刻成为记忆天才。

**疑问11：记太多有什么用？有智慧才更重要。**

答：没有谁否认有智慧的重要性，但肚子里没有“墨水”，如何能产生智慧呢？当我们积累的知识越多，就越容易出口成章、产生新点子与创意。自己的知识体系越庞大，可供你思考、思辨的内容就越多，自然会获得更多智慧。不然为什么胸无点墨是贬义词，而博览群书、满腹经纶是褒义词呢？

再者说，只要应对考试，都需要记，千万别等到“书到用时方恨少”。

### 疑问 12：记忆法能记所有信息吗？

答：可以说适用于所有信息的记忆，一般越难记的信息越需要用记忆法。当然，也可以用于简单的信息上，但通常不需要用，比如“1+1=2”，谁会用记忆法记它呢？它已经满足了“简联熟”中的简单和足够熟悉。

另外，有时没有必要用，比如日常对话中，没有必要用记忆法把对方说的话一字不落地记下来，能理解别人说的是什么即可。

### 疑问 13：怎样才算记牢了？

答：隔一两个月检验自己是否能想起，如果这一两个月内没有复习，还能想起，意味着记得比较牢固，但并不代表永久不忘。今天记的东西，明天能想起并不能说明真正记住了。

艾宾浩斯通过实验发现，遗忘在学习之后就会立即开始，而且遗忘的进程并不是均匀的。最初遗忘速度很快，以后逐渐缓慢，于是得出了著名的艾宾浩斯遗忘曲线。

| 时间间隔 | 记忆量 |
|---|---|
| 刚刚记忆完毕 | 100% |
| 20 分钟后 | 58.2% |
| 1 小时后 | 44.2% |
| 8~9 小时后 | 35.8% |
| 1 天后 | 33.7% |
| 2 天后 | 27.8% |
| 6 天后 | 25.4% |
| 31 天后 | 21.1% |

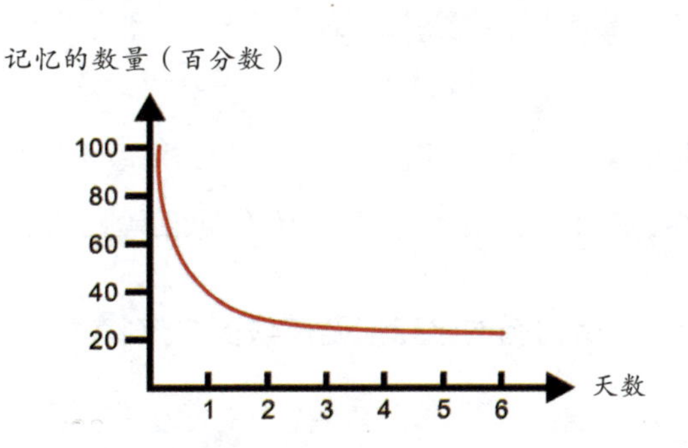


我们发现，从第 6 天后，遗忘的曲线趋于平缓，这意味着第 6 天后，记住的内容就不会忘记得太快了。所以，一两个月后还能想起记过的内容，那说明你确实记得比较牢固。如果

这中间你有复习，那会记得更牢固。

**疑问 14：用记忆法能做到过目不忘吗？**

答：有部分信息是可以的，但大部分信息还是需要复习的，只是比死记硬背的复习次数少很多。

不一定要按照艾宾浩斯遗忘曲线的规律来复习，因为那是针对无规律的音节，而且很难实现那样的复习密度。

复习可以遵循大原则——先密后疏，即记完新知识后，可以隔 1~3 天复习，比较熟悉后再偶尔复习，最好的复习就是多用、多输出。

**疑问 15：记忆法到底是什么？**

答：可以简单理解为：只要比死记硬背记得更快、更牢的方法都是记忆法。

**疑问 16：记忆法不就是编故事、想象图像吗？**

答：这只是记忆法的其中一部分。由万能公式“简联熟”可知，简化信息、发现规律、类比、联想、联系到熟悉事物上都是记忆法的一部分。

例如，给婴儿、公司起名时，大家都会考虑到起的名是否容易记忆，是否好听，有没有什么好的寓意，谐音后会不会不好听，是否容易联想到不好的东西，等等，这些就用到了记忆法中的简单、谐音、联想、熟悉、顺口等技巧。

**疑问 17：用记忆法比死记硬背快多少倍？**

答：几倍到几百倍都有可能，主要取决于记什么内容和运用记忆法的水平。

**疑问 18：记忆法需要一直训练吗？**

答：不需要一直训练，但是学会后可以多用，越用越熟练。它和学游泳一样，学会游泳不用花太长时间，但要游得快还是需要在水里多游。更重要的是，学会后哪怕十年没有游过泳，技能仍然不会消失，记忆法亦是如此。

### 疑问 19：赌场把记忆大师拉入了黑名单吗？

答：有过这样的传闻。我有次去马来西亚出差时，还是顺利地进入了当地的赌场，不过不是进去赌博，而是看看自己是否能进入。

### 疑问 20：记忆大师会不会忘不掉烦恼？

答：关于这点，记忆大师和普通人基本上是一样的。因为记忆大师遇到烦恼的事情时，并不会用记忆法去记，所以遗忘周期也和普通人一样。最多就是记忆大师在无意识的记忆下，对事情的记忆可能会更敏感。

### 疑问 21：不想花太多时间训练，但又想让记忆法在生活中有实质上的帮助，有没有什么办法？

答：有。不需要集中“大块”时间训练，只需在平时刻意运用，就会越用越熟练。例如，记忆自己的手机号码、银行卡号、快递取件码、验证码、各种密码等。

再如车牌号、路边一句经典的广告语、书中一句经典的话、陌生人的名字、别人的生日、电影票号、火车票信息、购物清单等，这些都是我们训练记忆的素材。取之于生活，用之于生活，练习的同时，也为生活带来了便捷。

### 疑问 22：为什么我总是记不住？

答：记不住的原因虽有很多，但可以总结为以下两个部分。

| 和自身相关的原因 | 内容上的原因 |
|---|---|
| （1） 不能吸引你的注意力 | （1） 枯燥 |
| （2） 没有经过大脑思考 | （2） 信息量太多 |
| （3） 生活不规律导致记忆力下降 | （3） 信息复杂、难理解 |
| （4） 自身精神状态差 | （4） 信息杂乱、无逻辑 |
| （5） 对自己无意义 | （5） 无趣味性 |
| （6） 对自己不重要 | （6） 无特点 |
| （7） 不能刺激到情感与情绪 | （7） 内容本身无意义 |
| （8） 没有多感官参与 | （8） 相近干扰项多 |
| （9） 没有用到记忆方法 | — |
| （10） 没有适当复习与练习 | — |
| （11） 注意力被分散 | — |

### 疑问 23：上下班总是忘记打卡怎么办？

答：①在电脑旁贴便利贴；②设置闹钟；③把打卡和其他事物关联。

第③项是我以前常用的方法，所以从来没有忘记过打卡。可关联的事物有很多，比如以下这些。

- 和电梯按钮关联，只要出了公司按电梯按钮，立刻回忆有没有打卡。
- 和计算机开关按钮关联，上下班开关计算机，触碰到关机按钮立刻就会联想到打卡。
- 和上厕所关联，无论是否真的要上厕所，都规定自己上下班要有上厕所的意识。
- 和接水关联，规定上班时要接水，下班时倒水或清理杯子。

……

我以前用的是和计算机开关按钮关联，想象按钮就是打卡键。一般情况下只有上下班会按计算机开关按钮，刚好能提示打卡。大家也可以选择一个最容易给自己提示的东西进行关联，这样相当于有了“双重保险”，甚至“三重保险”，极大地降低了遗忘的可能性。

### 疑问 24：离开一个地方总是掉东西怎么办？

答：和上面的打卡原理一样，离开一个地方时，和回头关联，不用担心扭到脖子。当形成习惯后，每次离开某个地方，潜意识会让你自动回头检查，就不会占用你大脑的“内存”了。

### 疑问 25：出门总是忘记带钥匙或手机怎么办？

答：把出门常带的手机、钥匙、身份证编一个口诀，即“伸手要→身手钥”。当每次伸手要准备关门时，回忆“伸手要”是否都带了。

# 附 录
## Appendix

数字编码表如下所示。

续表

| | | | | |
|---|---|---|---|---|
| 21 鳄鱼 | 22 双胞胎 | 23 恶僧 | 24 闹钟（24小时） | 25 二胡 |
| 26 河流 | 27 耳机 | 28 恶霸 | 29 恶囚 | 30 三轮车 |
| 31 鲨鱼 | 32 扇儿 | 33 钻石（闪闪） | 34 绅士 | 35 山虎 |
| 36 山鹿 | 37 山鸡 | 38 妇女（妇女节） | 39 三角尺 | 40 司令（帽子） |
| 41 司仪（话筒） | 42 柿儿 | 43 石山 | 44 石狮 | 45 师傅 |

续表

| | | | | |
|---|---|---|---|---|
| 46 饲料 | 47 司机（方向盘） | 48 石板 | 49 湿狗 | 50 （奥运）五环 |
| 51 铲子（劳动节） | 52 斧儿 | 53 火山 | 54 武士 | 55 火车（呜呜声） |
| 56 蜗牛 | 57 武器（坦克） | 58 （松鼠）尾巴 | 59 五角星 | 60 榴莲 |
| 61 儿童 | 62 牛儿 | 63 刘三姐 | 64 柳丝 | 65 锣鼓 |
| 66 蝌蚪 | 67 油漆 | 68 喇叭 | 69 漏斗 | 70 冰淇淋 |

续表

| | | | | |
|---|---|---|---|---|
| 71 奇异果 | 72 企鹅 | 73 花旗参 | 74 骑士 | 75 起舞 |
| 76 气流（飞机） | 77 机器人 | 78 青蛙 | 79 气球 | 80 巴黎铁塔 |
| 81 白蚁 | 82 靶儿 | 83 花生（形状） | 84 巴士 | 85 宝物 |
| 86 八路 | 87 白棋 | 88 爸爸 | 89 芭蕉 | 90 酒瓶 |
| 91 球衣 | 92 球儿（足球） | 93 旧伞 | 94 首饰 | 95 酒壶 |

续表

| | | | | |
|---|---|---|---|---|
| 96 旧炉 | 97 旧旗 | 98 球拍 | 99 玫瑰 | 00 望远镜 |
| 01 灵药（灵芝） | 02 铃儿 | 03 三脚凳 | 04 轿车 | 05 手套 |
| 06 手枪（6发子弹） | 07 锄头 | 08 溜冰鞋 | 09 猫（9条命） | 0 鸡蛋 |

# 后 记

Afterword

## 知者行之始，行者知之成

恭喜各位读者，读完本书后大家已经完成了“知”的部分。但要想真正学会记忆法，还需“行”，也就是不断练习和运用。因为学习是成长进步的阶梯，实践才是获得本领的途径。

王阳明说“知者行之始，行者知之成”，意思是知是行的开始，行是知的完成。以知为指导的行才能行之有效，脱离知的行则是盲目行动。同样，以行验证的知才是真知灼见，脱离行的知则是空知。

所以，看完本书的方法、案例后，仅仅完成了一半，另一半则是练习、运用，勤加练习才能让这项“绝技”为我们所用。

在运用过程中，你可能会出现和曾经的我一样的情况。我刚学记忆法时，对记忆法的认识比较模糊，时而认为它很有用，时而认为它没有什么用。什么时候开始让我坚定地认为它真正有用呢？就是在不断地实战应用后，用实际行动来验证这些理论、方法是可行的。慢慢地，就完成了这个过程的“知行合一”。

很多记忆高手在训练和运用时，都经历了几个阶段。这几个阶段是《刻意练习》中提到的，下面分享给大家。

如果我们能做到前三个阶段，那么离成为记忆高手也就不远了。这几个阶段也是做好任何事情的关键。

对于我来说，写完本书也只是完成了“知”的部分。我还需要怎样行动呢？还需做推广，让更多人读到此书，让更多人学会超级记忆法，从而提升学习、生活、工作的效率。这才完成了本书的“知行合一”。

在本书的编写过程中，有些记忆技巧和方法是我自己的运用经验所得，仅代表我本人的理解。如与专业的解释不符，请大家参照专业的解释。由于笔者水平有限，书中难免出现纰漏，欢迎广大读者批评指正。（作者邮箱：194391323@qq.com）

本书能够顺利完成，要感谢记忆魔法师袁文魁、脑力培训师石伟华、世界记忆之父弟子梁格菲等老师在写作上的指导；感谢分之道提供的部分图片素材；感谢我的爱人世界记忆大师赵美君共同参与编写此书。

最后，希望大家行动起来，早日成为记忆高手，期待大家分享自己进步的消息。